高等职业教育计算机类专业系列教材

企业网络构建项目化教程

主 编 杨绚渊
副主编 叶 钰
参 编 蒋建武 史胜利

机械工业出版社

本书是在企业网络构建课程项目化改革的基础上编写的。全书深入浅出，用实践项目贯穿所需知识点，从学生的视角出发，以学生感兴趣的方式方法着手，能较好地引导学生进行学习。本书内容采用一个完整的工程案例，视角来自于一个刚毕业的实习生小王。读者学习时跟随小王一起完成八大项目：网络监听、IP子网划分、组建部门局域网、加固部门局域网、使用路由技术实现部门间网络互访、连接驻外机构、设置网络访问控制、连接互联网。这些内容涵盖了企业网络构建课程的知识技能点。

本书适合作为高职高专院校"企业网络构建"等相关课程的教材，也适合作为计算机网络技术学习者的自学参考用书。

书中设置习题，还附有任务配置图及清单。

本书还配有电子课件，选用本书作为教材的教师可以从机械工业出版社教育服务网（www.cmpedu.com）免费注册下载或联系编辑（010-88379194）咨询。

图书在版编目（CIP）数据

企业网络构建项目化教程/杨绚渊主编. —北京：机械工业出版社，2018.7（2023.1重印）

高等职业教育计算机类专业系列教材

ISBN 978-7-111-60607-9

Ⅰ. ①企… Ⅱ. ①杨… Ⅲ. ①企业—计算机网络—高等职业教育—教材 Ⅳ. ①TP393.18

中国版本图书馆CIP数据核字（2018）第177011号

机械工业出版社（北京市百万庄大街22号　邮政编码100037）

策划编辑：李绍坤　　责任编辑：李绍坤　王　荣
责任校对：马立婷　　封面设计：鞠　杨
版式设计：鞠　杨　　责任印制：刘　媛

涿州市般润文化传播有限公司印刷

2023年1月第1版第4次印刷

184mm×260mm・9.25印张・222千字

标准书号：ISBN 978-7-111-60607-9

定价：32.00元

电话服务　　　　　　　　　网络服务

客服电话：010-88361066　　机　工　官　网：www.cmpbook.com
　　　　　010-88379833　　机　工　官　博：weibo.com/cmp1952
　　　　　010-68326294　　金　书　网：www.golden-book.com

封底无防伪标均为盗版　　机工教育服务网：www.cmpedu.com

本书是泰州职业技术学院"企业网络构建"课程改革的成果,力求从高职学生的学习特点出发,以"实习生小王的工程师成长之路"为线索,从网络工程师岗位出发,通过贯穿项目引导教与学,突破了传统知识结构,突出了"做中学"的特点,体现了高职教学特色。

本书适合作为高职高专院校"路由交换技术"等相关课程的教材。本书配置命令讲解采用思科模拟器,因此也适合具有一定网络原理知识的自学者使用。书中"触类旁通环节"给出使用华三(H3C)设备完成任务的关键命令提示,可以作为想了解多种厂商设备的自学者延伸阅读。

通过学习本书,读者能掌握通信子网常用设备(集线器、二层交换机、三层交换机和路由器)的数据转发机制,以及虚拟局域网(VLAN)、静态路由和动态路由(RIP、OSPF)、广域网技术、网络地址转换、访问控制列表等相关知识,具备组建、管理中小型企业网络的基本工作能力。

全书共8个项目。项目1引入网络设备基础知识,项目2~项目8完成一个完整的工程。

项目1为网络监听,通过"模拟网络管理员进行网络监听"来展开学习,介绍了如何使用常用抓包软件进行网络监听,集线器(Hub)和交换机(Switch)的数据转发机制,以及设备操作命令基础。

项目2为IP子网划分,通过"给公司合理划分子网"来展开学习,介绍了IP子网划分所需的知识。

项目3为组建部门局域网,通过"给公司各部门合理划分VLAN"来展开学习,介绍了VLAN技术原理和配置方法,以及VLAN间路由的配置方法。

项目4为加固部门局域网,通过"在公司网络的关键区域进行冗余链路加固,实现网络链路故障时不影响网络使用"来展开学习,介绍了STP、RSTP、PVST以及端口聚合技术。

项目5为使用路由技术实现部门间网络互访,通过"使用路由技术完成企业内部各IP子网互通"来展开学习,介绍了静态路由技术和动态路由技术(RIP、OSPF)。

项目6为连接驻外机构,通过"完成企业总公司与分公司连接"来展开学习,介绍了HDLC、PPP、帧中继等广域网技术。

项目7为设置网络访问控制,通过"对公司网络进行访问控制,设置部门权限"来展开学习,介绍了标准和扩展访问控制列表技术。

项目8为连接互联网,通过"在公网IP紧张的情况下实现全公司都能上网,并设立公司网站服务器,提供外网用户访问"来展开学习,介绍了NAT和NAPT技术。

本书参考学时为80学时，具体学时安排见下表：

项　　目	动手操作学时	理 论 学 时
项目1　网络监听	4	4
项目2　IP子网划分	2	2
项目3　组建部门局域网	4	4
项目4　加固部门局域网	4	4
项目5　使用路由技术实现部门间网络互访	12	8
项目6　连接驻外机构	4	4
项目7　设置网络访问控制	8	4
项目8　连接互联网	8	4

本书由杨绚渊任主编，叶钰任副主编，蒋建武、史胜利参加编写。其中，项目1和项目2由叶钰编写，项目3～项目7由杨绚渊编写，项目8由蒋建武编写，附录由蒋建武和史胜利编写，全书由杨绚渊统稿。

由于编者水平有限，书中难免存在不足之处，恳请广大读者不吝赐教。

编　者

前言	
网络工程师成长之路	1

项目1　网络监听　2

职业能力目标　2
项目情境　2
任务1　共享网络监听　2
　任务分析　2
　必备知识　3
　　1. 分层原理　3
　　2. 网络参考模型　3
　　3. 数据的封装与解封过程　4
　　4. 集线器　5
　　5. 集线器的特点　6
　　6. 集线器的缺点　6
　任务实施　6
　任务小结　9
任务2　交换网络监听　9
　任务分析　9
　必备知识　9
　　1. 网桥和交换机的出现　9
　　2. 交换机的工作原理　10
　　3. 交换机数据转发过程　10
　　4. 交换机端口映射　12
　　5. 访问网络设备的方式　12
　　6. 思科设备命令操作基础　13
　任务实施　14
　任务小结　16
触类旁通　16
习题　17

项目2　IP子网划分　19

职业能力目标　19
项目情境　19
任务　划分IP子网　19
　任务分析　19
　必备知识　20
　　1. 什么是IP地址　20
　　2. IP地址的格式和分类　20
　　3. IP地址的基本概念　21
　　4. 子网的划分　22
　任务实施　23
　任务小结　24
触类旁通　24
习题　24

项目3　组建部门局域网　26

职业能力目标　26
项目情境　26
任务1　部门VLAN划分　27
　任务分析　27
　必备知识　28
　　1. 虚拟局域网概念　28
　　2. 虚拟局域网划分方式　29
　　3. 基于端口VLAN的帧格式　29
　　4. 基于端口VLAN的交换机端口类型　30
　任务实施　32
　任务小结　35
任务2　部门VLAN互通　35
　任务分析　35
　必备知识　35
　　1. 使用路由器实现VLAN间通信　35

  2. 使用单臂路由实现VLAN间通信　36
  3. 使用三层交换机实现
   VLAN间通信　37
 任务实施　37
 任务小结　40
 触类旁通　40
 习题　41

项目4　加固部门局域网　42
 职业能力目标　42
 项目情境　42
 任务1　使用生成树协议实现
   关键区域冗余备份　43
 任务分析　43
 必备知识　44
  1. 生成树协议　44
  2. 快速生成树协议　47
  3. 其他类型的生成树协议　47
 任务实施　48
 任务小结　49
 任务2　使用链路聚合实现
   关键区域冗余备份　49
 任务分析　49
 必备知识　50
  1. 以太网链路聚合技术基本概念　50
  2. 以太网链路聚合分类　50
 任务实施　50
 任务小结　51
 触类旁通　51
 习题　51

项目5　使用路由技术实现
   部门间网络互访　53
 职业能力目标　53
 项目情境　53
 任务1　静态路由实现　54
 任务分析　54
 必备知识　54

  1. 路由基本概念　54
  2. 路由表　54
  3. 路由可信度（路由优先级）　55
  4. 度量值（Metric值）　55
  5. 路由决策原则　55
  6. 直连路由　56
  7. 静态路由　56
 任务实施　57
 任务小结　59
 任务2　动态路由RIP实现　60
 任务分析　60
 必备知识　60
  1. 动态路由协议分类　60
  2. RIP原理　60
  3. 有类路由协议和无类路由协议　61
  4. RIP环路问题　62
 任务实施　63
 任务小结　64
 任务3　动态路由OSPF实现　64
 任务分析　64
 必备知识　65
  1. OSPF路由协议原理　65
  2. OSPF层次化设计　65
 任务实施　66
 任务小结　66
 触类旁通　66
 习题　67

项目6　连接驻外机构　69
 职业能力目标　69
 项目情境　69
 任务1　专线PPP连接　69
 任务分析　69
 必备知识　69
  1. 广域网连接方式　69
  2. DCE/DTE物理端口　70
  3. 广域网数据链路层协议　70

4. 点到点协议	70	
任务实施	72	
任务小结	74	
任务2　多路复用帧中继连接	74	
任务分析	74	
必备知识	74	
1. 帧中继原理	74	
2. 帧中继网络拓扑	74	
3. 帧中继接口类型	75	
4. LMI协议标准	75	
5. 帧中继地址映射	75	
任务实施	76	
任务小结	78	
触类旁通	78	
习题	79	
项目7　设置网络访问控制	81	
职业能力目标	81	
项目情境	81	
任务1　配置对源IP的访问控制	81	
任务分析	81	
必备知识	81	
1. 访问控制列表应用场合	81	
2. 访问控制列表包过滤防火墙工作原理	82	
3. 访问控制列表匹配流程	82	
4. 反掩码（通配符掩码）	83	
5. 访问控制列表分类	84	
6. 标准ACL	84	
任务实施	84	
任务小结	86	
任务2　配置对网络服务的访问控制	86	
任务分析	86	
必备知识	86	
1. 扩展ACL	86	
2. 访问控制列表配置"六大军规"	87	
任务实施	87	
任务小结	89	
触类旁通	89	
习题	90	
项目8　连接互联网	91	
职业能力目标	91	
项目情境	91	
任务1　配置静态地址映射实现外网用户访问内网服务器	91	
任务分析	91	
必备知识	92	
1. NAT技术概述	92	
2. NAT技术分类	92	
3. 静态地址映射工作原理	93	
任务实施	93	
任务小结	95	
任务2　配置动态地址映射实现内网用户访问互联网	95	
任务分析	95	
必备知识	95	
动态NAPT技术工作原理	95	
任务实施	96	
任务小结	97	
触类旁通	97	
习题	97	
附录	99	
附录A　任务配置图及清单	99	
1. 部门VLAN划分（项目3任务1）	100	
2. 部门VLAN互通（项目3任务2）	103	
3. 使用生成树协议实现关键区域冗余备份（项目4任务1）	107	
4. 使用链路聚合实现关键区域冗余备份（项目4任务2）	109	
5. 静态路由实现（项目5任务1）	111	
6. 动态路由RIP实现（项目5任务2）	114	

7. 动态路由OSPF实现
（项目5任务3） 117
8. 专线PPP连接（项目6任务1） 120
9. 多路复用帧中继连接
（项目6任务2） 123
10. 配置对源IP的访问控制
（项目7任务1） 125
11. 配置对网络服务的访问控制
（项目7任务2） 128
12. 配置静态地址映射实现
外网用户访问内网服务器
（项目8任务1） 131
13. 配置动态地址映射实现内网用户
访问互联网（项目8任务2） 133

附录B 参考答案 135

参考文献 138

网络工程师成长之路

从今天开始，大家将跟随实习生小王，踏上网络工程师成长之路。

实习生小王来到系统集成 T 公司报到，公司经理告知他加入局域网建设项目组 A，完成新中标的企业网搭建项目（见图 0-1）。项目的具体需求如下：为了加快企业的信息化建设，公司将建设一个以办公自动化、电子商务、信息发布及查询为核心的现代化计算机网络系统。

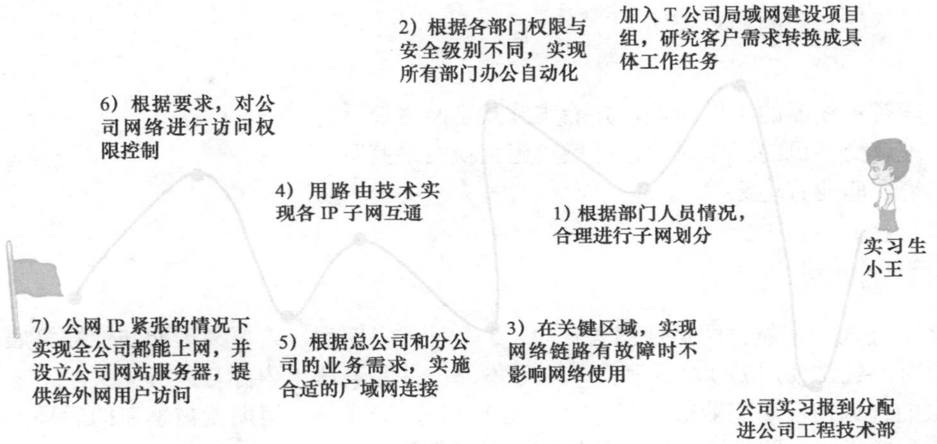

图 0-1 实习生小王完成的具体项目

系统必须具备如下特性：
1）根据部门人员情况，合理划分子网。
2）采用先进的网络设备，构建一个现代化的综合计算机网络系统，各部门权限与安全级别不同，实现所有部门办公自动化。
3）在关键区域，实现网络链路有故障时不影响网络使用。
4）用路由技术完成企业内部各 IP 子网互通。
5）总公司和分公司之间采用广域网连接。
6）根据要求，对公司网络进行访问权限控制。
7）在公网 IP 紧张的情况下实现全公司都能上网，并设立公司网站服务器，提供给外网用户访问。

在小王开始他的企业网络构建项目之前，首先完成一个引入项目"网络监听"。

项目 1 网络监听

 职业能力目标

- 理解集线器的工作原理,并能实施共享网络监听。
- 理解交换机的工作原理,并能实施交换网络监听。
- 遵守职业劳动纪律。

 项目情境

小张刚进入一家新公司担任销售代表,3 个月试用期后,人事经理通知他被解雇了,理由是上班时间经常使用 QQ 聊天和登录娱乐网站,并且其聊天内容与业务无关。

小张的行为违反了职业劳动纪律(见图 1-1),造成了试用期就被解雇的后果。小张的上网聊天和登录娱乐网站这些行为是如何被发现的呢?在网络中,管理员可以通过网管软件监听公司内部员工的网络访问数据信息。这个具体的过程是如何实现的?

图 1-1 职业劳动纪律

任务 1 共享网络监听

任务分析

首先假定公司采用共享网络监听,即用集线器将小张、小丽和网络管理员三人的计算机连接在一起(见图 1-2),网络管理员的计算机上安装了抓包软件。想要了解如何监听网络，那就需要了解网络数据传输的原理。

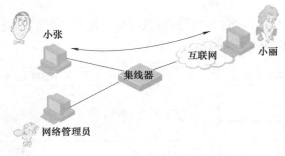

图1-2 共享网络监听

必备知识

1. 分层原理

要分析网络中数据如何传输，首先可以查看现实世界里快件如何传输。如图1-3所示，寄件人填写完快递单（收件人和发件人信息）把快件交给代收点；快递员把快件集中运输到集散中心；集散中心根据分拣规则分拣后，通过快递网络进行快递运输，到达目的城市后，再经过分拣给各个目的城市的集散中心；各集散中心的快件由负责各地区的快递员投递到目的用户手中。因此，一个复杂的快递运输过程被分成多个层次，由各层次的业务员来负责相应的工作，但需要注意各层次之间的接口对接。

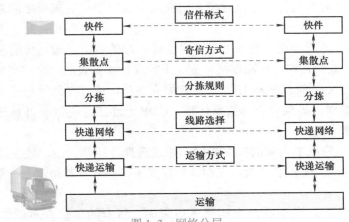

图1-3 网络分层

因此，仿照现实世界的规则，在网络中传输数据也可以进行分层，每一层次完成相应的工作，层次之间互相留有接口。这样可以将一个复杂的问题转化为若干较小的问题，分而治之。

2. 网络参考模型

20世纪80年代开放式通信系统互联参考模型（OSI模型）出现，这是一种信息在网络设备间传输的理论模型，分为应用层、表示层、会话层、传输层、网络层、数据链路层和物理层7层。由于其设计的各层有一定的重复性，效率较低，所以没有真正付诸使用。TCP/

IP 协议栈也采用分层化结构,分为应用层、传输层、网络层和网络接口层 4 层,它是目前真正使用的分层结构。

本书把 TCP/IP 协议栈的网络接口层分为数据链路层和物理层,便于分析数据封装和解封的过程。网络分层模型如图 1-4 所示。

OSI 7 层参考模型	协议	本书使用 5 层参考模型
应用层	HTTP、FTP、DNS	应用层
表示层		
会话层		
传输层	TCP、UDP	传输层
网络层	IP	网络层
数据链路层	Ethernet、ATM	数据链路层
物理层		物理层

图 1-4　网络分层模型

以下给出参考模型各层的功能。

(1)应用层　确定进程之间通信的性质以满足用户的需要,应用层直接为用户的应用进程提供服务。运用在应用层的协议有 HTTP、DNS、SMTP、POP3、FTP、Telnet、DHCP 等。

(2)表示层　主要解决用户信息的语法表示。表示层处理所有与数据表示及传输有关的问题,包括数据转换、数据加密和数据压缩。

(3)会话层　对数据传输进行管理,它在两个互相通信的进程之间建立、组织和协调其交换。

(4)传输层　为进行通信的两个进程实现端到端的数据传输。传输层的服务一般要经历传输连接建立、数据传送、传输连接释放 3 个阶段,才算完成一个完整的服务过程。传输层有两个著名的协议,即 TCP 和 UDP。TCP 面向连接,通过序列号与校验和等机制检查数据传输中发生的错误,提供可靠的数据传输;UDP 无连接,提供非可靠的数据传输,它的可靠性由应用层来保证。

(5)网络层　完成主机间的报文传输,通过选择合适的路由,使发送方报文能够正确无误地交付给目的地。TCP/IP 协议栈在网络层定义了包格式及其协议——网际协议(Internet Protocol,IP)。

(6)数据链路层　负责在两个相邻节点之间、特定的传输介质或链路上无差错地传送以帧为单位的数据。局域网的数据链路层又分为逻辑链路控制(Logical Link Control,LLC)和介质访问控制 MAC(Medium Access Control,MAC)两个子层。

(7)物理层　负责在终端设备间透明地传输比特流。

3．数据的封装与解封过程(见图 1-5)

1)发送数据就是数据封装的过程。计算机发送的数据经过传输层的时候加上传输层报头。传输层报头有两种,一种是 TCP 报头,另一种是 UDP 报头。这两种报头都有两个关键的地址,即"源端口号+目的端口号"。经过网络层时加上网络层报头。本书研究的网络层报头一般指 IP 报头，该报头有两个关键地址，即"源 IP 地址和目的 IP 地址"。经过数据链路层时，如果是以太网，则会加上以太帧头，其中也有两个关键地址，即"源 MAC 地址和目的 MAC 地址"。最后经过物理层形成比特流发送数据。

2）接收数据就是数据解封的过程。计算机在接收到数据后，需要去掉为了传输而添加的附加信息，这称为解封装，是封装操作的逆向过程。

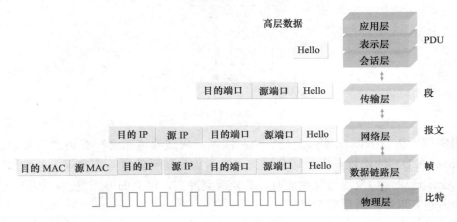

图 1-5　数据的封装与解封过程

4. 集线器

物理层是 OSI 模型的最底层，为数据传输提供可靠环境，是网络的基础，正如公路是汽车通行的基础一样。双绞线的有效距离为 100m 左右，当两台计算机之间的距离超过 100m 时，简单用双绞线连接就会出现信号的衰减。这时，人们可以用中继器来进行信号放大。当人们要将多台计算机连接在一起的时候，可以用多口的中继器来连接，多口的中继器又称为集线器（Hub）。

集线器属于数据通信系统中的基础设备，与双绞线等传输介质一样，它是一种不需任何软件支持或只需很少管理软件管理的硬件设备。其工作原理如图 1-6 所示。4 台 PC 连在集线器上，PCA 发送数据给 PCB，当数据到达集线器后，集线器不会进行判断和学习，只是简单地在其他 3 个端口上进行复制转发，这样不但 PCB 能接收到数据，PCC 和 PCD 也能接收到数据。

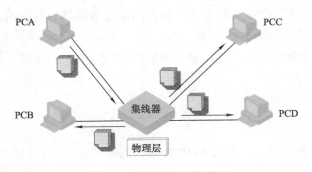

图 1-6　集线器的工作原理

5. 集线器的特点

集线器工作在物理层，是一种简单地将一台计算机扩大到多台计算机相连的物理层设备。通过集线器连接的所有设备处于同一个冲突域，并且共享相同的带宽，连接的节点越多，意味着冲突越多。集线器的内部结构如图1-7所示。

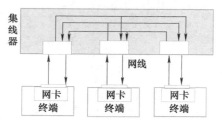

图1-7 集线器的内部结构

使用集线器的以太网在逻辑上是一个总线网。集线器遵循带冲突检测的载波监听多路访问（CSMA/CD）的协议，用来避免冲突，发送前先监听信道是否空闲，若空闲则立即发送数据。在发送时，边发送边继续监听，若监听到冲突，则立即停止发送，等待一段随机时间（称为退避）以后，再重新尝试。

由此可以看出，集线器在工作时具有以下几个特点：

1) 集线器只是一个多端口的信号放大设备，它在网络中只起到信号放大和重发的作用，其目的是扩大网络的传输范围，而不具备信号的定向传送能力，是一个标准的共享式设备，有时被称为"傻Hub"或"哑Hub"。

2) 集线器在半双工下工作，它扩大了局域网覆盖的地理范围，是一个共享介质的局域网。这里的"共享"其实就是集线器内部总线，当上行通道与下行通道同时发送数据时会存在信号碰撞现象。这时所有数据都将不能发送成功，形成网络"大塞车"。

3) 集线器的工作模式是广播。集线器属于纯硬件网络底层设备，仅是一些线的组合，不具有"记忆"能力，更不具备"学习"能力。它发送数据时都是没有针对性的，即采用广播方式发送。也就是说，当它要向某节点发送数据时，不是直接把数据包发送到目的节点，而是把数据包发送到与集线器相连的所有节点。

6. 集线器的缺点

因为集线器使用的是共享带宽的方式广播发送数据，所以有以下两方面缺点：

1) 因为是共享带宽，所以所有数据包都是向所有节点同时发送的，这样就容易造成网络"塞车"现象，降低了网络执行效率。

2) 用户数据包向所有节点发送，会带来数据通信的不安全因素，很容易被他人截获数据包。

任务实施

三台计算机连在集线器上，PCA和PCB模拟上网聊天的两台用户机，PCC模拟网管计算机，如图1-8所示。

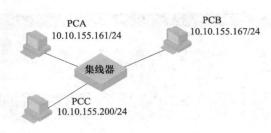

图 1-8 共享网络监听拓扑图

【环境准备】

3 台计算机，1 个集线器，3 根网线。在 PCA 和 PCB 上安装局域网的聊天工具"飞鸽传书"软件 UM 2010，在 PCC 上安装抓包工具 Ethereal 9.0。

【任务完成步骤提示】

1）按照拓扑图连接线路，安装相应软件并配置 IP 地址。
2）启动抓包软件，单击按钮准备抓包。
3）PCA 和 PCB 使用"飞鸽传书"软件 UM 2010 聊天，PCA 给 PCB 发送聊天数据"112233445566"，PCB 给 PCA 回复数据"99887766"，如图 1-9 所示。

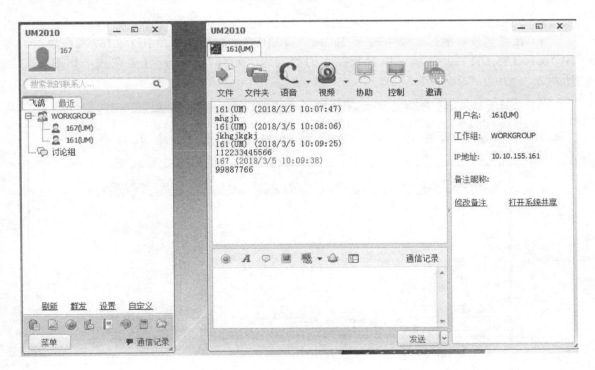

图 1-9 "飞鸽传书"软件 UM 2010 的聊天截图

4）使用抓包软件进行抓包，在过滤器里输入"ip.src == 10.10.155.161"（IP 10.10.155.161 发送数据给 IP10.10.155.167）。这里可以看到发送的数据为"112233445566"，如图 1-10 所示。

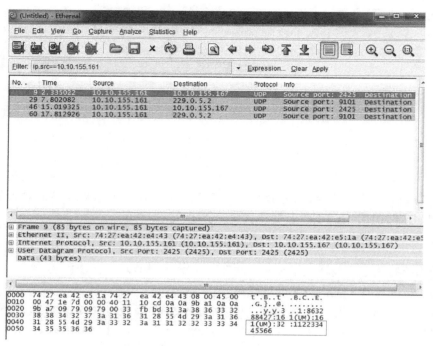

图 1-10　抓包过程

5）在抓包软件的过滤器中输入"ip.dst == 10.10.155.161"（IP 10.10.155.167 发送数据给 IP 10.10.155.161）。这里可以看到接收的数据为"99887766"，任务完成，如图 1-11 所示。

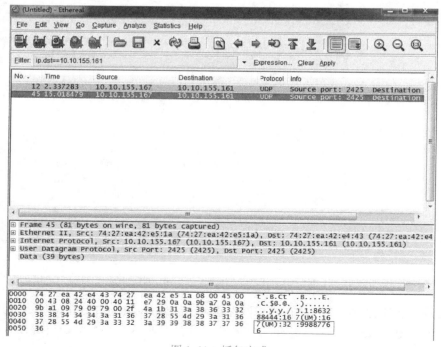

图 1-11　抓包完成

任务小结

本任务通过共享网络监听实施,重点理解集线器的工作原理,理解网络数据传输的过程,为交换机设备的学习打下基础。

任务 2　交换网络监听

任务分析

通过完成上一个任务,读者了解了共享网络集线器的局限性——带宽共享的同时安全性难以保障。本任务用交换机替代集线器,共享网络变为交换网络(见图 1-12),以进一步提高网络安全性和网络带宽。那么交换网络如何来实现网络监听呢?

管理员需要通过配置交换机的端口镜像命令,再通过抓包来获取到某个端口的数据。

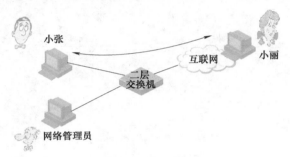

图 1-12　交换网络监听

必备知识

1. 网桥和交换机的出现

某企业的三个部门(人事部、财务部和研发部)各自用一个集线器进行组网。这时,每个部门都在一个独立的冲突域中,如图 1-13 所示。

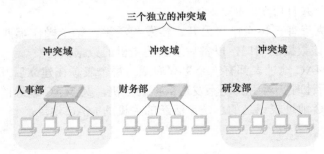

图 1-13　独立的各个部门网络结构图

如果将这三个部门连接在一起,将会产生一个更大的冲突域,如图 1-14 所示。

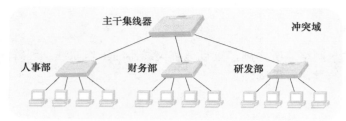

图 1-14　一个更大的冲突域

虽然说集线器扩大了局域网覆盖的地理范围，但冲突域也增大了，总的吞吐量并未提高。这时，就需要一个设备工作在数据链路层，能根据 MAC 帧的目的地址对收到的帧进行转发，减少冲突，这就是网桥。

网桥的作用是扩展网络通信，在多种传输介质中转发数据。它不仅能扩展网络的距离，还能智能地选择，将现有地址的信号从一个传输介质发送到另一个传输介质，并能有效地限制无用的通信。早期网桥只有两个端口，只能扩展两个冲突域，而且价格比较高，如图 1-15 所示。

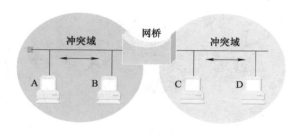

图 1-15　网桥连接冲突域

后来，在网桥的基础上大大提高其端口数量，并增加了高速背板等新技术，提高了运行速度。这就出现了新的网络设备——交换机。交换机也工作在数据链路层。

2．交换机的工作原理

交换机的每个端口访问另一个端口时，由于内部有高速背板，所以任意两个端口间都有专有线路，不会产生冲突。如果是一百兆的以太网交换机，那么它的每个端口都能享受到 100Mbit/s 带宽。

交换机都有一个"MAC 地址表"，是交换机通电后自动学习建立的，保存在随机存取存储器（RAM）中，并且自动维护。

交换机的转发决策有三种操作：丢弃、转发和泛洪。每个操作都要记录下数据包的源 MAC 地址和接收到该数据的端口，以备后续其他主机的数据帧转发。

每个交换机的 MAC 地址表都有一个生存周期。每个表项在建立后开始进行倒计时，每次发送数据都要刷新计时。对于长期不发送数据的主机，其 MAC 地址的表项在生存期结束时删除。因此，MAC 地址表记录的总是最活跃的主机的 MAC 地址。

3．交换机数据转发过程

交换机刚通电启动时，MAC 地址表是空的，交换机准备开始学习，如图 1-16 所示。

当 PCA 发送数据给 PCB 时，数据帧到达交换机，交换机学习该数据帧的源 MAC 地址

（0133.8c01.1111），填入 MAC 地址表，同时登记接收到的端口号 F0/1。这时由于该数据帧的目的 MAC 地址（0133.8c01.3333）在 MAC 地址表还未学习到，所以交换机不知道转发到哪个端口，因此进行泛洪处理，即在除了接收端口以外的所有端口进行转发（F0/2、F0/3、F0/4），如图 1-17 所示。

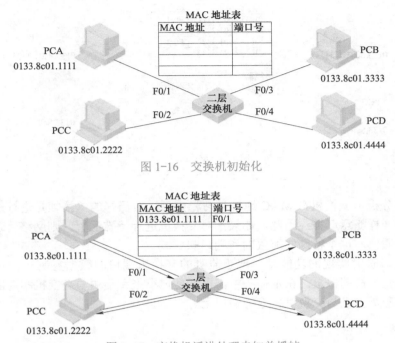

图 1-16　交换机初始化

图 1-17　交换机泛洪处理未知单播帧

一段时间后，交换机不断学习其他转发的数据帧，直到 MAC 地址表记录完整为止。此时，PCA 要发送数据给 PCD，数据帧到达交换机，该源 MAC 地址（0133.8c01.1111）和相应的接收端口 F0/1，交换机已经学习过，不再学习。这时在 MAC 地址表中查找该数据帧的目的 MAC 地址，发现对应的端口是 F0/4，所以直接过滤转发到 F0/4 端口，不再转发到其他端口，如图 1-18 所示。

图 1-18　交换机过滤转发已知单播帧

PCA 和 PCC 连接在集线器后再连接在二层交换机的 F0/1 端口上。交换机的 MAC 地址表已经记录完整。此时 PCA 发送数据给 PCC，集线器收到数据后在除了收到的端口以外所有的端口转发，一个转发传到了 PCC；另一个转发传到了交换机 F0/1 端口。由于交换机的

MAC 地址表已经学习过源 MAC 地址（0133.8c01.1111）和对应的端口 F0/1 了，所以不再学习，查找目的 MAC 地址（0133.8c01.2222）发现同样在 F0/1 端口上。这时，接收和将要转发的端口是同一个端口，交换机丢弃该数据帧，如图 1-19 所示。

图 1-19　交换机丢弃单播帧

4．交换机端口映射

经过上述分析，交换机在 MAC 地址学习稳定后，对已知的单播帧是进行过滤转发的，不再像集线器一样随意广播。因此，如果不对交换机进行特殊配置，则网络管理员无法监听小张和小丽的通信，这个特殊的配置叫作端口映射。

交换机端口映射实现的功能是，把想监听的交换机端口的数据复制一份传到网络管理员主机相连的交换机端口上。在本任务中，也就是把小张和小丽与交换机相连的端口数据复制传到网络管理员主机与交换机相连的端口上。

5．访问网络设备的方式

交换机（也可以是其他网络设备）可以通过命令行接口（Command Line Interface，CLI）进行管理和操作。用户可以通过以下几种常用方式来进行管理：Console 口管理、AUX 口管理、Telnet 管理、SSH 访问等方式。本书主要介绍其中两种：Console 口管理和 Telnet 管理。

（1）Console 口管理　当用户买来一台崭新的设备，初次本地管理设备一般采用该种方式。路由器交换机等一般网络设备都会提供一个 Console 口，需要使用专门的 Console 线缆连接到计算机的串行接口上，如图 1-20 所示。该 Console 线缆一头是 RJ 45 接口，另一头是 DB9 接头，如图 1-21 所示。

图 1-20　Console 口管理

图 1-21　Console 配置线

连接计算机和网络设备后，在计算机上选择"开始"→"程序"→"附件"→"通讯"→"超级终端"打开超级终端。然后进行 COM 端口属性设置，选择"每秒位数：9600、数据位：8、奇偶校验：无、停止位：1、数据流控制：无"，如图 1-22 所示。有些操作系统不自带超级终端，需要安装超级终端。

图 1-22　COM 端口属性设置

（2）Telnet 管理　　当用户不在设备本地，需要远程对设备进行访问时，可以采用 Telnet 管理。可以把网络设备看作 Telnet 服务器，而将用户计算机看作客户端，通过互联网进行远程访问，如图 1-23 所示。

图 1-23　远程登录方式

6．思科设备命令操作基础

思科命令行接口提供了多种模式，以下介绍几种比较常见的。

1）用户模式"switch>"：网络设备启动后的默认视图。
2）特权模式"switch#"：该模式下可以查看配置信息等。
3）全局配置模式"switch(config)#"：配置系统参数等命令的模式。
4）端口模式"switch(config-if)#"：该模式下可以配置端口的物理属性、链路特性等信息。

各模式之间的切换命令如图 1-24 所示。

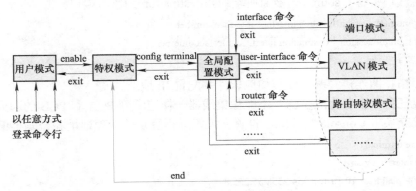

图 1-24　思科命令行接口界面

任务实施

如图 1-25 所示，组网的设备换成了交换机以后，数据将不再广播，而是进行智能转发，要想监听到 PCA 和 PCB 的数据，必须在交换机中进行端口镜像配置。本任务要求先用配置线管理交换机，设置远程登录相关配置，然后通过远程登录来配置端口镜像。

图 1-25　交换网络监听拓扑图

【环境准备】

3 台计算机，1 个集线器，3 根网线。PCA 和 PCB 安装局域网的聊天工具"飞鸽传书"软件 UM 2010，PCC 安装抓包工具 Ethereal 9.0。

【思科关键命令提示】

1）创建设备管理 IP 地址。

Switch# configure terminal
Switch(config)# interface vlan vlan-id
Switch(config-if)#ip address IP-address IP-subnet-mask
Switch(config-if)#no shutdown

2）配置用户线路和登录密码。

Switch# line vty 0 4
Switch(config-line)# login
Switch(config-line)# password password
Switch(config-line)# exit

3）配置进入特权模式的密码。

Switch(config)# enable password password

4）配置端口镜像，source 为被监听端口，destination 为监听端口。

Switch(config)# monitor session 1 source interface interface-number
Switch(config)# monitor session 1 destination interface interface-number

【任务完成步骤提示】

1）按照拓扑图连接线路，安装相应软件并配置 IP 地址。

2）重复任务 1 中各完成步骤，不能像集线器一样监听到 PCA 和 PCB 的聊天信息。

3）连接交换机 Console 配置线，设置交换机远程登录的管理地址和密码等信息。

Switch# configure terminal
Switch(config)# interface vlan 1
Switch(config-if)#ip address 10.10.155.254 255.255.255.0
Switch(config-if)#no shutdown

```
Switch(config)# line vty 0 4
Switch(config-line)# login
Switch(config-line)# pass cisco    // 配置登录密码
Switch(config-line)# exit
Switch(config)# enable password hello// 配置特权密码
```

4）交换机的镜像配置，交换机 F0/3 端口监听到 F0/1 端口的数据。

```
Switch# configure terminal
Switch(config)# monitor session 1 source interface fastEthernet 0/1
Switch(config)# monitor session 1 destination interface fastEthernet 0/3
```

5）查看端口镜像。

```
Switch#show monitor   // 查看端口镜像
```

下面为显示结果：

Session: 1   // 端口镜像会话 ID
Source Ports:
    Rx Only : None
    Tx Only : None
    Both   : Fa0/1   // 被监控端口，即源端口
Destination Ports: Fa0/7   // 监控端口，即目的端口

6）PCA 和 PCB 使用"飞鸽传书"软件 UM 2010 聊天，PCA 给 PCB 发送聊天数据"aaaaaaaaaaaaaaaaa"。PCB 给 PCA 回复数据"bbbbbbbbbbbbb"。在过滤器里面分别输入 ip.src == 10.10.155.167 和 ip.dst == 10.10.155.167，则可以抓包抓到聊天内容，任务完成，如图 1-26 和图 1-27 所示。

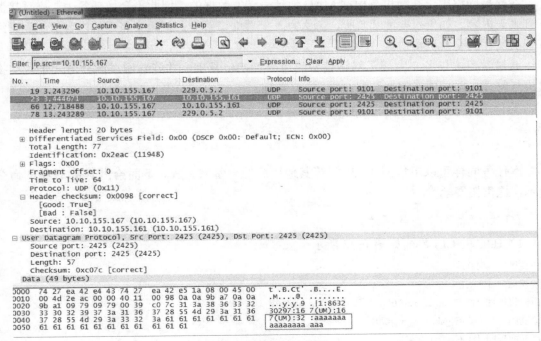

图 1-26　抓包结果图 1

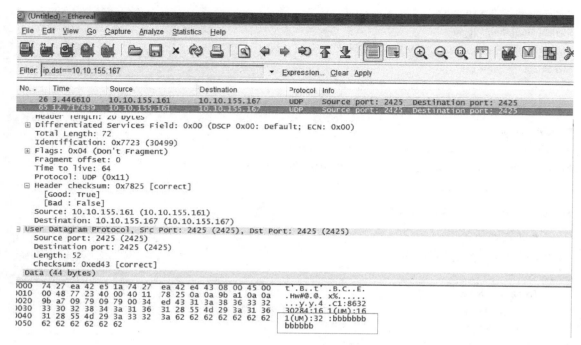

图 1-27 抓包结果图 2

任务小结

在交换网络中，交换机是根据 MAC 地址表转发数据的，因此不会像任务 1 一样直接监听到聊天内容。如果想要继续监听，怎么办？配置端口镜像，把想要监听的内容复制到网络管理员所在的交换机接口。

通过学习本任务，掌握了网络设备的命令行接口基础，并能够通过两种方式来对交换机进行管理，即配置远程登录和 Console 口管理。

触类旁通

本任务同样可以用华三（H3C）等其他厂商的设备来完成。下面给出 H3C 设备的命令提示，提供拓展学习。

【H3C 设备关键命令提示】

1) H3C 的 CLI 界面如图 1-28 所示。

用户视图　　<H3C>
系统视图　　[H3C]
路由协议视图　[H3C-router-ospf-0]
接口视图　　[H3C-GigabitEthernet0/0]
用户界面视图　[H3C-ui-vty0-4]

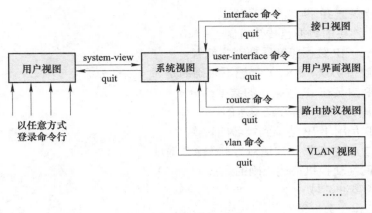

图 1-28　H3C 的 CLI 界面

2）H3C 的 Telnet 远程登录配置。

[H3C] int vlan 1
[H3C-vlan] ip add 192.168.1.1
[H3C] telnet server enable 或者 telnet source-ip 192.168.1.1
[H3C] user-interface vty 0
[H3C-ui-vty0] set authentication password cipher 123456
[H3C-ui-vty0] user privilege level 2
[H3C-ui-vty0] authentication-mode scheme
[H3C] local-user h3c
[H3C-luser-h3c]password cipher 789
[H3C-luser-h3c]service-type telnet
[H3C-luser-h3c]level 3

习题

1．单选题

1）在 OSI 模型中，数据链路层的重要功能是（　　）。

A．提供可靠的端对端服务，透明地传送报文
B．路由选择、拥塞控制与网络互联
C．在通信实体之间传送以帧为单位的数据
D．数据格式变换、数据加密与解密、数据压缩与恢复

2）数据链路层是 OSI 模型的（　　）。

A．第一层　　　　B．第二层　　　　C．第三层　　　　D．第四层

3）通常数据链路层交换的协议数据单元被称为（　　）。

A．报文　　　　　B．比特　　　　　C．帧　　　　　　D．报文分组

2．多选题

1）关于 TCP/IP 的 IP 层协议描述不正确的是（　　）。

A．是点到点的协议

B. 不能保证 IP 报文的可靠传送
C. 是无连接的数据包传输机制
D. 每一个 IP 数据包都需要对方应答

2）对地址解析协议（ARP）描述不正确的是（　　）。

A. ARP 封装在 IP 数据包的数据部分
B. ARP 是采用广播方式发送的
C. ARP 是用于 IP 地址到域名的转换
D. 发送 ARP 包需要知道对方的 MAC 地址

3）对三层网络交换机描述正确的是（　　）。

A. 能隔离冲突域
B. 只工作在数据链路层
C. 通过 VLAN 设置能隔离广播域
D. VLAN 之间通信需要经过三层路由

3．简答题

1）简述数据链路层的主要作用。
2）简述集线器的工作特点。
3）谈一谈自己对交换机工作原理的认识。

项目 2　IP 子网划分

职业能力目标

- 能计算出每个子网的地址范围（子网地址、子网广播地址、可用子网地址范围）。
- 能根据要求设计出子网平均划分方案。

项目情境

贯穿项目中的任务描述：根据部门人员情况，合理划分子网，如图 2-1 所示。

具体项目情境通过小王与客户李总的一段对话来分析。

李总："公司有人事部、财务部、研发部、生产一部、生产二部、销售部、采购部共 7 个部门，请根据要求合理分配子网。"

小王："好的，李总。公司的内网所在地址网段是 211.65.180.0/24，每个部门最多可容纳多少台计算机呢？"

李总："最多不超过 30 台。"

小王："好的。"

- 总的地址段：211.65.180.0/24
- 7 个部门，每个部门最多 30 台计算机
- 如何能合理进行划分，既能满足要求，又能不浪费，并且有一定冗余，可扩展性好？

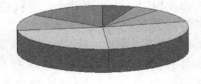

图 2-1　IP 子网划分需求

任务　划分 IP 子网

任务分析

分析项目情境，难点在于如何把一个地址网段切分出多个子网段。就像把一块蛋糕如

何切分一样，可以平均分，当然也可以根据各个具体部门人数进行不等分。本书主要讲解平均分，在"触类旁通"里会给出不等分的方法提示。

必备知识

1. 什么是 IP 地址

IP 地址是指互联网协议地址（Internet Protocol Address，又译为网际协议地址），是一种统一的地址格式，它为互联网上的每一个网络和每一台主机分配一个逻辑地址，以此来屏蔽物理地址的差异。

IP 地址被用来给互联网上的计算机设置一个编号。大家日常见到的情况是每台联网的计算机上都需要有 IP 地址，才能正常通信。可以把"个人计算机"比作"一台电话"，那么"IP 地址"就相当于"电话号码"，而互联网中的路由器就相当于电信局的"程控式交换机"。

2. IP 地址的格式和分类

（1）IP 地址的格式　常见的 IP 地址分为 IPv4 与 IPv6 两大类。

IPv4 是 Internet Protocol Version 4 的缩写，由 4 个"8 位二进制数"、中间用点分隔来表示，如 ××××××××.××××××××.××××××××.××××××××，这里 × 为二进制数字。而人们习惯用十进制来表示，所以又通常用"点分十进制"表示成（a.b.c.d）的形式，其中，a、b、c、d 都是 0 ~ 255 之间的十进制整数。例如，点分十进制 IP 地址（100.4.5.6）实际上是 32 位二进制数（01100100.00000100.00000101.00000110）。

IPv6 是 Internet Protocol Version 6 的缩写，是 IPv4 的下一代，号称可以为全世界的每一粒沙子编上一个网址。IPv4 最大的问题在于网络地址资源有限，严重制约了互联网的应用和发展。IPv6 的使用，不仅能解决网络地址资源数量的问题，还能解决多种设备接入互联网的障碍。IPv6 的地址长度为 128bit，是 IPv4 地址长度的 4 倍，采用十六进制表示。

目前，大部分网络设备仍以 IPv4 作为主流 IP 地址使用，所以本书以 IPv4 作为案例分析。

（2）IPv4 的分类　每个 IP 地址包括两个重要属性，即网络地址和主机地址。同一个物理网络上的所有主机都使用同一个网络地址，主机地址则表示该设备在这个网络里面的第几位。IP 地址编址方案将 IP 地址空间划分为 A、B、C、D、E 五类，其中 A、B、C 类是基本类，D、E 类作为多播和保留使用，如图 2-2 所示。

1）A 类 IP 地址由 1 字节的网络地址和 3 字节主机地址组成（N.H.H.H），并且网络地址 8 位中的最高位必须是"0"。A 类 IP 地址的首字节范围是 0 ~ 127，但 0 没有任何意义，127.×.×.× 表示回环地址，有其特殊性，所以 A 类 IP 地址的首字节范围是 1 ~ 126。

2）B 类 IP 地址由 2 字节的网络地址和 2 字节主机地址组成（N.N.H.H），网络地址 8 位中的最高位必须是"10"。所以 B 类 IP 地址的首字节范围是 128 ~ 191。

3）C 类 IP 地址由 3 字节的网络地址和 1 字节主机地址组成（N.N.N.H），网络地址 8 位中的最高位必须是"110"。所以 C 类 IP 地址的首字节范围是 192 ~ 223。

4）D 类 IP 地址中前四位是二进制"1110"，是组播地址。所以 D 类 IP 地址的首字节范围是 224 ~ 239。

5）E 类 IP 地址中前四位是二进制"1111"，是实验用地址。

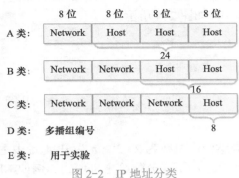

图 2-2 IP 地址分类

表 2-1 中用 X 表示网络位，用 Y 来表示主机位。

表 2-1 IP 地址的编码

IP 地址	第一个字节	第二个字节	第三个字节	第四个字节
A 类 IP	0XXXXXXX	YYYYYYYY	YYYYYYYY	YYYYYYYY
B 类 IP	10XXXXXX	XXXXXXXX	YYYYYYYY	YYYYYYYY
C 类 IP	110XXXXX	XXXXXXXX	XXXXXXXX	YYYYYYYY
D 类 IP	1110XXXX	YYYYYYYY	YYYYYYYY	YYYYYYYY
E 类 IP	1111XXXX	YYYYYYYY	YYYYYYYY	YYYYYYYY

3. IP 地址的基本概念

（1）子网掩码　子网掩码（Subnet Mask）是一种用来指明一个 IP 地址的哪些位标识的是网络位，哪些位标识的是主机位。通常用 1 来表示网络位，用 0 来表示主机位。子网掩码不能单独存在，它必须结合 IP 地址一起使用。子网掩码只有一个作用，就是将某个 IP 地址划分成网络地址和主机地址两部分。

（2）网络地址　网络地址又称为网络标识，指的是 IP 地址和子网掩码全部都转换成二进制再按位相与得到的地址。简单来说就是，IP 地址的网络位不变，主机位全变为 0。

例如，主机 IP 地址是 192.168.1.9/30，由于其网络位 30 位，主机位 2 位，所以把最后一个字节的 9 转化为二进制"00001001"，其中最后的 2 位"01"变为全 0 后，得到它的网络地址是 192.168.1.8/30，如图 2-3 所示。

```
192.         168.          1.           9 /30
                                     00001001
网络位不变，主机位全 0
                                     00001000
192.         168.          1.           8 /30
```

图 2-3 网络地址计算

（3）广播地址　广播地址应用于网络内的所有主机，是专门用于同时向网络中所有工作站进行发送的一个地址。简单来说就是，IP 地址的网络位不变，主机位全变为 1。

例如，主机 IP 地址是 192.168.1.9/30，由于其网络位为 30 位，主机位为 2 位，所以把最后一个字节的 9 转化为二进制 "00001001"，其中最后的 2 位 "01" 变为全 1 后，得到它的广播地址是 192.168.1.11/30，如图 2-4 所示。

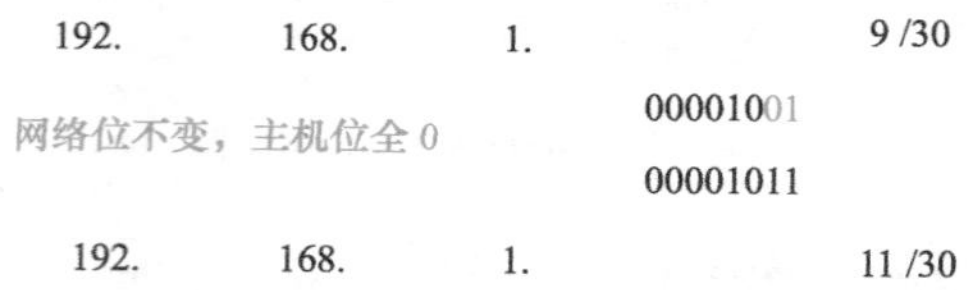

```
        192.        168.        1.           9 /30
网络位不变，主机位全 0                   00001001
                                         00001011
        192.        168.        1.          11 /30
```

图 2-4　广播地址计算

（4）IP 地址网段可以容纳的主机数为 2^n-2　n 为 IP 地址中主机位的个数，减 2 是去掉网络地址和广播地址，这两个地址不能分配给主机使用。例如，IP 地址是 192.168.1.9/30，由于其网络位 30 位，主机位 2 位，所以 2^n-2，n 代入 2，得到 $2^2-2=2$，所以该网段只能容纳 2 台主机。

（5）公有 IP 地址和私有 IP 地址　公有 IP 地址由国际互联网络信息中心（Internet Network Information Center，Inter NIC）负责分配。私有 IP 地址（Private IP Address）属于非注册地址，专门为组织机构内部使用。

留用的内部私有 IP 地址有：
A 类 10.0.0.0 ～ 10.255.255.255
B 类 172.16.0.0 ～ 172.31.255.255
C 类 192.168.0.0 ～ 192.168.255.255

4．子网的划分

传统的 IPv4 地址分为网络地址和主机地址，是一个两级的 IP 地址，但在使用时发现 IP 地址的设计不够合理，表现在：IP 地址空间的利用率有时很低；给每一个物理网络分配一个网络号会使路由表变得太大而使网络性能变坏；两级 IP 地址不够灵活。

从 1985 年起在 IP 地址中又增加了一个"子网号字段"，使两级的 IP 地址变成为三级的 IP 地址。这种做法叫作划分子网。目前划分子网已成为互联网的正式标准协议。

（1）子网划分的基本思路　划分子网纯属一个单位内部的事情，单位对外仍然表现为没有划分子网的网络。从主机号借用若干个位作为子网号，而主机号就相应减少了若干个位。IP 地址也就分成三部分：主类网络号、子网号和主机号，如图 2-5 所示。

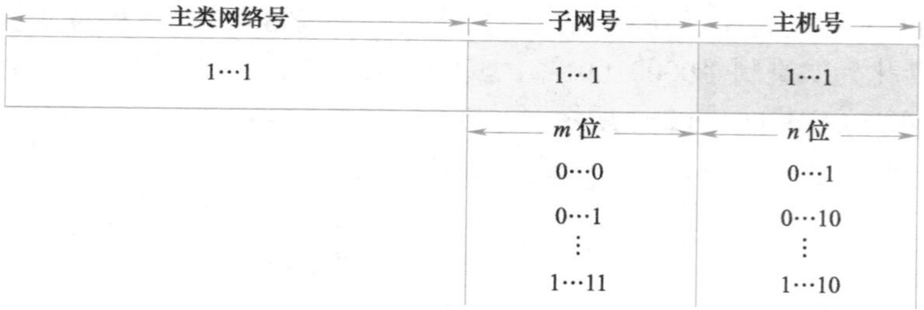

主类网络号	子网号	主机号
1…1	1…1	1…1
	m 位	n 位
	0…0	0…1
	0…1	0…10
	⋮	⋮
	1…11	1…10

图 2-5　子网划分

（2）子网的个数：2^m（m 为主机位借给网络位的个数）　目前，大多数设备支持子网位为全 0 或全 1 的子网号，所以这里不需要像计算网段容纳的主机数一样减 2。

子网划分三大公式见表 2-2。

表 2-2　IP 地址子网划分的三大公式

主机可用地址数	2^n-2（n 为主机号位数）
子网个数	2^m（m 为子网号位数，也可以理解为主机位借给网络位的位数）
$m+n+$ 主类网络位 $=32$（32 为 IP 地址的总长度）	

例如，一个 C 类网络 192.168.6.0/24，将其划分为 20 个子网，每个子网至少 5 台主机。代入上述公式，如图 2-6 所示。

图 2-6　子网计算

得出 $m=5$，$n=3$，也就是要从原来 C 类地址 8 位主机位中借出 5 位作为子网位，还保留 3 位作为主机位。

任务实施

公司一共 7 个部门，也就是 7 个子网，每个子网最多 30 台主机，主类网络位为 24（211C 类）。根据三大公式，代入计算，如图 2-7 所示。

图 2-7　任务计算

得出 $m=3$，$n=5$，也就是要从原来 C 类地址 8 位主机位中借出 3 位作为子网位，还保留 5 位作为主机位。

上述结论可以得出子网掩码为 /27，也就是"255.255.255.224"。根据总的地址段 211.65.180.0 和上面分析出来的子网 255.255.255.224，可以得出下面的各个子网的 IP 地址。其中，网段 8 可以作为今后公司发展备用。在计算该表的过程中，很容易发现规律，每一行共计 32 个地址，其中第一个为网络地址，最后一个为广播地址，可以真正分配给员工主机的是其中 30 个地址，见表 2-3。

表 2-3　公司各部门的 IP 地址分配

网段	部门	网络地址	主机地址的范围	广播地址
1	人事部	211.65.180.0	211.65.180.1 ～ 211.65.180.30	211.65.180.31
2	财务部	211.65.180.32	211.65.180.33 ～ 211.65.180.62	211.65.180.63
3	研发部	211.65.180.64	211.65.180.65 ～ 211.65.180.94	211.65.180.95
4	销售部	211.65.180.96	211.65.180.97 ～ 211.65.180.126	211.65.180.127
5	采购部	211.65.180.128	211.65.180.129 ～ 211.65.180.158	211.65.180.159
6	生产一部	211.65.180.160	211.65.180.161 ～ 211.65.180.190	211.65.180.191
7	生产二部	211.65.180.192	211.65.180.193 ～ 211.65.180.222	211.65.180.223
8	保留	211.65.180.224	211.65.180.225 ～ 211.65.180.254	211.65.180.255

任务小结

本任务通过子网划分的技术可以为企业规划设计合理的 IP 地址，让企业更高效合理地使用 IP 地址。

触类旁通

本任务的子网划分是平均分配各个网段的可用 IP 地址数。但在实际工作中，企业各个部门的人数肯定不是平均数，比如人事部和生产部的人数相差较大，如果平均分，则必须要按部门人数最多的来进行划分，这样会导致较少人数的部门也要占用较大的网段，造成 IP 地址大量浪费。

如何能够根据实际情况，根据各个部门的人数来不等分划分子网？

举例：总的地址段为 211.65.180.0/24，共计 5 个部门，各个部门人数为 100、50、30、10、10。

首先，部门人数的总和是 200 台。该总的地址段容纳的主机数是 $2^8-2=254$，还要去除在划分子网过程中新产生的子网网络地址和广播地址不能分配给主机，5 个网段乘以 2，至少再扣除 10 个 IP 地址，共计可以容纳 244 台左右，大于 200 台，因此够分。

然后，从部门人数最多的开始分。该例中人数最多的部门是 100 人，$2^n-2 \geqslant 100$，得出 $n \geqslant 7$，由于 $m+n=8$，因此 m 只能等于 1。所以借 1 位给子网位，也就是把整个网段先一切为二，即 211.65.180.0/25 和 211.65.180.128/25，其中 211.65.180.0/25 分给 100 人部门的主机。

其次，再把剩下的一半 211.65.180.128/25 继续往下分，这时分给 50 个人的部门，$2^n-2 \geqslant 50$，得出 $n \geqslant 6$，由于 $m+n=7$，因此 m 只能等于 1。继续把剩下的 1/2 网段再一切为二，即 211.65.180.128/26 和 211.65.180.192/26，其中 211.65.180.128/26 分给 50 人主机。

依此类推，再把剩下的四分之一 211.65.180.192/26 继续往下分等，直至全部完成。

习题

1．单选题

1）如果将一个 C 类网络划分为 12 个子网，使用的子网掩码为（　　）。

    A．255.255.255.252　　　　　　B．255.255.255.248
    C．255.255.255.240　　　　　　D．255.255.255.255

2）某公司申请到一个 C 类 IP 地址，但要连接 6 个子公司，最大的一个子公司有 26 台计算机，每个子公司在一个网段中，则子网掩码应设为（　　）。

    A．255.255.255.0　　　　　　　B．255.255.255.128
    C．255.255.255.192　　　　　　D．255.255.255.224

3）一台 IP 地址为 10.110.9.113/16 主机的广播地址是（　　）。

    A．10.110.9.255　　　　　　　　B．10.110.15.255
    C．10.110.255.255　　　　　　　D．10.255.255.255

2．多选题

1）某企业有 4 个部门，每个部门最多 15 台主机，要求每个部门能相对独立，规划一个 C 类网，子网掩码符合条件的是（　　）。

  A．255.255.224.192　　　　　　B．255.255.255.224

  C．255.255.255.240　　　　　　D．没有合适的子网掩码

2）以下哪项是 B 类地址？（　　）

  A．170.0.0.1 /16　　　　　　　B．170.300.0.2 /16

  C．170.233.27.0 /16　　　　　　D．170.233.27.200 /16

3）关于主机地址 192.168.19.125（子网掩码为 255.255.255.248），以下说法正确的是（　　）。

  A．子网地址为 192.168.19.120　　B．子网地址为 192.168.19.121

  C．广播地址为 192.168.19.127　　D．广播地址为 192.168.19.128

3．简答题

1）说一说你对 IP 地址的认识。

2）说一说子网掩码的作用。

3）假设公司有前台、售后部、生产部、财务部 4 个部门，每个部门不超过 50 个人，公司内网所在地址网段是 200.20.16.0/24。如何通过子网的划分，给该公司规划网段，实现 4 个部门的网络相对独立。

项目 3 组建部门局域网

PROJECT 3

 职业能力目标

1）能在多台交换机上配置虚拟局域网（VLAN），实现部门内与位置无关的网络互访，且部门间网络相互隔离。

2）能使用三层交换机物理端口、交换机虚拟端口（SVI）和路由器物理端口、子端口配置本部门网关，并实现各部门通过网关互访。

项目情境

贯穿项目中的任务描述：采用先进的网络设备，构建一个现代化的综合计算机网络系统，各部门权限与安全级别不同，实现所有部门办公自动化。

具体项目情境通过小王与客户李总的一段对话来分析。

李总："我们公司有两个厂区，共有办公楼 4 栋，还有一些厂房、食堂、活动中心等附属建筑。办公楼共分人事、财务、研发、生产、销售、采购 6 个部门，需要实现各部门内部有较高访问权限，部门间访问安全隔离。"

小王："好的，李总，请把厂区楼宇分布及各个部门的楼层分布图给我。"

李总给了小王这张厂区的楼宇分布平面图（见图 3-1），4 栋主要建设网络的办公楼并不在同一厂区。A、B、C 楼在厂区 1，D 楼在厂区 2。

公司的采购部分布在 A、B、C、D 4 栋楼的 1 层，销售部在 4 栋楼的 2 层，生产部、研发部分别位于 4 栋楼的 3 层和 4 层，财务部、人事部只位于 A 楼的 5 层和 6 层，如图 3-2 所示。

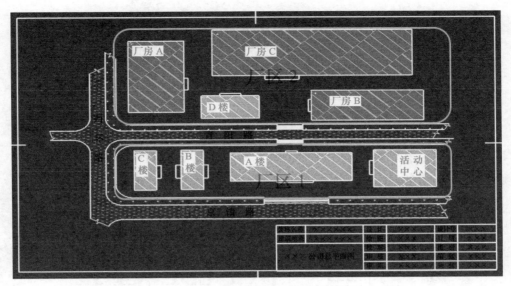

图 3-1 公司厂区的楼宇分布平面图

图 3-2 楼层部门分布图

任务 1 部门 VLAN 划分

任务分析

分析项目情境，难点在于如何让位于不同厂区和不同栋楼的同一个部门的同事规划在一个局域网内，譬如销售部就跨了两个厂区，分别在不同栋楼的 2 层。

方法一：把 4 栋楼的 1 层全连在一起，2 层全连一起，依次类推，分别设置 4 个部门，如图 3-3 所示。

这种方法是否可行？如果遇到部门调整，则需重新布线，这 4 栋楼跨了两个厂区，经常开挖厂区间的道路不现实。因此，方法一不可行。

方法二：按照结构化布线的方法，弱电施工遵循的规则，如图 3-4 所示。

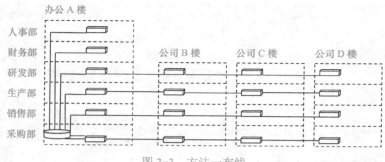

图 3-3 方法一布线

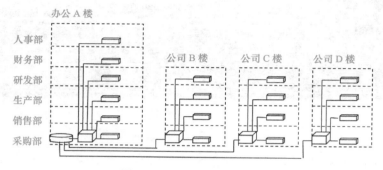

图 3-4 方法二结构化布线

由于建筑弱电施工都是在建筑建设期内完成的，都遵循结构化布线的国家标准，所以方法二可行，工人施工统一简单且标准化，但任务的难点问题还没解决：如何让不在同栋楼的一个部门的同事在同一个局域网内呢？

必备知识

1. 虚拟局域网概念

虚拟局域网（Virtual Local Area Network，VLAN）技术可以突破地理位置的限制，使得不连接在同一交换机上的主机用户像在同一个真实的局域网内一样可以互相访问，也可以使连接在同一个交换机上的主机用户隔离，必须通过路由设备才能互相访问。

数据链路层的广播和单播帧只能在同一 VLAN 内转发和扩散，所以 VLAN 技术可以有效地防止广播风暴的发生，并且由于不同 VLAN 不能直接进行 2 层通信，如果给各个部门分配各个 VLAN，则可以提高企业网络各个部门的网络安全性，如图 3-5 所示。

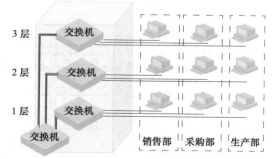

图 3-5 公司各部门跨交换机 VLAN 划分

2. 虚拟局域网划分方式

（1）基于端口的 VLAN　　基于端口的 VLAN，就是把交换机的各个端口分别划入各个 VLAN 中，譬如图 3-6 中交换机的 F0/1 和 F0/2 端口划入了 VLAN10，交换机的 F0/3 和 F0/4 端口划入了 VLAN20。同一 VLAN 还可以跨越多个交换机。这种 VLAN 划分方式是各网络设备厂商普遍支持的方式，应用最广，使用简单。它的缺点是 VLAN 划分是根据交换机的端口，因此当连接交换机端口的用户设备发生改变，需要重新划分 VLAN，如图 3-6 所示。

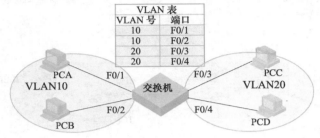

图 3-6　基于端口划分的 VLAN

（2）基于 MAC 地址的 VLAN　　根据用户设备的 MAC 地址来划分 VLAN，这种方式的优点是如果移动用户设备，则不需要像基于端口 VLAN 一样重新配置交换机，但是网络管理员刚开始时需要做大量工作，要登记所有用户设备的 MAC 地址。当公司用户很多时，工作量很大，并且由于这种方式，交换机端口无法对广播包进行隔离，因为每个交换机端口都有可能连接很多个 VLAN。

（3）基于网络层协议的 VLAN　　当网络支持多协议类型时，可以根据网络层协议来划分 VLAN。这种划分方式相对简单，但问题是检查网络层协议需要耗费时间，并且其应用场合受到限制。

（4）基于 IP 地址的 VLAN　　根据用户设备的 IP 地址来划分 VLAN，与基于 MAC 地址的 VLAN 划分一样，用户设备发生移动，从一台交换机换到另一台交换机上时，不需要改变交换机配置。但是，它的问题是一般交换机不需要检查网络层地址，所以额外的工作量会花费交换机大量的处理时间。

3. 基于端口 VLAN 的帧格式

在基于端口 VLAN 划分方式中，交换机是如何识别各种 VLAN 所属的用户设备的数据包呢？只有识别出各个 VLAN 的数据包，才不会转发错误。二层以太网本身转发的数据是以太网帧，其中并没有标识该数据包属于哪个 VLAN。因此，电气和电子工程师协会（IEEE）于 1996 年 3 月提出了 IEEE 802.1Q VLAN 标准，给出了相应的帧格式，它比原来的以太网帧多了 4B 的帧头 tag，插入在标准的以太网帧中"源 MAC 地址"（DA）和"类型长度"（Type）中间。其中，2B 是标记协议标识符（TPID），还有 2B 是标签控制信息段（TCI），如图 3-7 所示。

TPID：标记协议标识符，它的值为固定的，0x8100，表明这个以太网帧是 802.1Q 的带 VLAN 标签的帧。

TCI：标签控制信息段，由用户优先级（User Priority）、规范格式指示器（CFI）和 VLAN 编号三部分组成。

1）User Priority：3bit，因此可以表示 8 种优先级，用于交换机拥塞控制时，优先发送哪个数据包。

2）CFI：1bit，用于标识以太网和令牌环网间的转发。CFI 一般在以太网中设置为"0"，若为"1"则表示该数据包在以太网中不被转发。

3）VLAN ID：12bit，用于指明该数据包属于哪个 VLAN 的编号，支持 0～4096 个 VLAN 编号。由于 0 用于识别帧优先级，4095 作为预留值，所以 VLAN 编号最大为 4094。

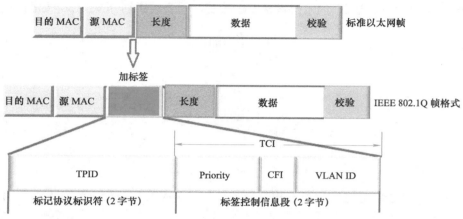

图 3-7　IEEE 802.1Q 帧格式

4．基于端口 VLAN 的交换机端口类型

（1）Access 端口类型　只允许本 VLAN 数据通过，仅接收和发送一个 VLAN 的数据帧，一般用于连接用户设备。流入 Access 端口，打上该端口默认 VLAN 的标签。流出该端口，如果属于同一个 VLAN 则剥除标签流出，不属于同一 VLAN 则拦截。

交换机的 F0/1、F0/2 属于 VLAN10，F0/3、F0/4 属于 VLAN20，4 个端口类型都是 Access 类型。当 PCA 发送数据包到达交换机 F0/1 端口时，该数据包会在原来以太网帧中加入 4B 的 VLAN 802.1Q 的标签，其中 VLAN ID 是 10，如图 3-8 所示。

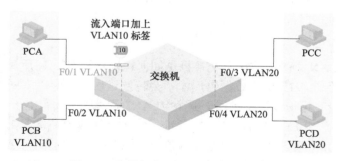

图 3-8　数据包流入 Access 端口加标签

该数据包如果想去 PCC，由于 PCC 所连接的 F0/3 端口属于 VLAN20，所以当想要流出 F0/3 时，该数据包会被检查，发现其中数据包 VLAN 标签是 10，和 F0/3 Access 端口的 VLAN 编号 20 不匹配，所以会被拦截不允许流出，如图 3-9 所示。

如果数据包想去 PCB，由于 PCB 所连接的 F0/2 Access 端口属于 VLAN10，与 PCA 属于同一个 VLAN，所以可以从 F0/2 端口流出，但此时需要去掉 VLAN 标签，如图 3-10 所示。

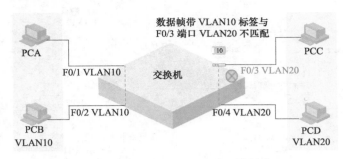

图 3-9　数据流出 Access 端口被拦截

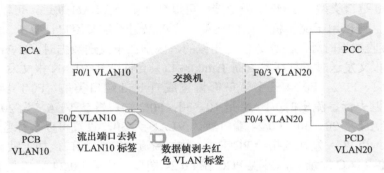

图 3-10　数据流出 Access 端口剥去标签

以上这些适用于公司两个部门分别属于两个 VLAN。可以达到数据隔离的效果，但这只是同一交换机上的操作，部门不在同一地理位置，则需要跨交换机进行 VLAN 操作。

（2）Trunk 端口类型　　允许多个 VLAN 通过，可以接收和发送多个 VLAN 的数据帧，一般用于交换机之间连接。Trunk 端口有一个默认 VLAN 号，一般情况下流入和流出数据都是带标签通过。但当数据帧中的 VLAN ID 号和 Trunk 端口默认 VLAN 号相同时，流出 Trunk 端口剥去标签，流入 Trunk 端口则自动加上该端口默认的 VLAN 号。

交换机 1 和交换机 2 的 F0/1、F0/2 端口配置为 Access 类型，并分别属于 VLAN10 和 VLAN20，F0/24 端口设置为 Trunk 类型且默认 VLAN 号为 1。PCA 发数据帧给 PCC，数据帧沿线路出发到达交换机 1 的 F0/1 端口，该端口类型为 Access 类型且属于 VLAN10，数据帧打上 VLAN 标签，标签 VLAN ID 号为 10，查找 MAC 地址表，到达 PCC 要走 F0/24 端口，该数据帧移动到 F0/24 端口，F0/24 端口是 Trunk 类型，所以让该数据帧带标签通过，流入交换机 2 的 F0/24 端口，该端口也是 Trunk 类型，所以对该数据帧放行，查找 MAC 地址表，数据帧移动到交换机 2 的 F0/1 端口，由于该端口是 Access 类型且属于 VLAN10 与自己相符，所以允许其通过并剥去数据帧上的 VLAN 标签，数据帧传送到 PCC，如图 3-11 所示。

同样，PCB 发数据帧给 PCD，过程类似，带标签数据帧移动到 F0/24 端口，由于是 Trunk 端口，带标签通过。如果 PCA 要发送数据至 PCD，由于分别属于不同的 VLAN，交换机 2 的 F0/2 端口会拦截该数据包，起到隔离的作用。这就适用于公司部门跨交换机的数据操作，也可实现不在同一地理位置的同一部门数据交换。

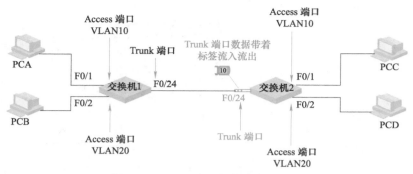

图 3-11 Trunk 端口的数据流入流出

（3）Hybrid 端口类型　　Hybrid 类型端口可以允许多个 VLAN 通过，可以接收和发送多个 VLAN 报文，可以用于交换机之间的连接，也可以用于连接用户计算机。Hybrid 端口和 Trunk 端口在接收数据时处理思路方法是相似的，区别在于发送数据时，Hybrid 端口可以允许多个 VLAN 报文发送时不打标签，而 Trunk 端口只允许默认 VLAN 报文发送时不打标签。

交换机 F0/1、F0/2、F0/24 三个端口都设置成 Hybrid 端口类型。F0/1 端口默认 VLAN 为 10，设置可以去标签流出的 VLAN 是 10、30；F0/2 端口默认 VLAN 为 20，设置可以去标签流出的 VLAN 是 20、30；F0/24 端口默认 VLAN 为 30，设置可以去标签流出的 VLAN 是 10、20、30。当 PCA 发送数据给 PCC 时，数据帧流入 F0/1 端口，加上默认 VLAN 10 标签，查找交换机 MAC 地址表，发现 PCC 在 F0/24 端口，由于 F0/24 端口是 Hybrid 端口类型，且去标签流出的 VLAN 有 10、20、30，所以数据帧可以从 F0/24 端口流出，并且去除标签。因此，PCA 可以与 PCC 直接通信，而 PCB 与 PCC 经过相似的过程也可以通信。因此，Hybrid 端口可以实现不同部门的用户设备不经过三层路由直接与 PCC 服务器通信，并且 PCA 与 PCB 又可以互相隔离，不能直接通信，如图 3-12 所示。

Hybrid 端口类型并非所有厂商交换机都支持。

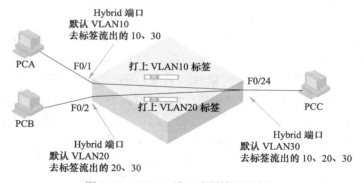

图 3-12 Hybrid 端口应用情况举例

任务实施

任务关键要解决"让不在同栋楼的一个部门的同事在同一个局域网内"。可以把任务简化，原问题中的不同栋楼可以简化成解决一栋楼中的不同层楼，在完成了图 3-13 中简化的虚拟局域网配置后，不同栋楼只要再加一层交换机进行汇聚就可以。

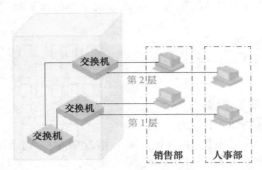

图 3-13 任务简化图

图 3-14 中销售部两台计算机,人事部两台计算机分别在 1、2 两层,把这张图进行顺时针 90°旋转,得出下面这张拓扑图,问题就变成如何实现相同 VLAN 销售部的 S-PC1 和 S-PC2 互通,人事部 H-PC1 和 H-PC2 互通,不同部门不同 VLAN 不通。

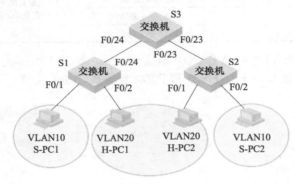

图 3-14 任务 1 拓扑图

【环境准备】

4 台计算机,3 台二层交换机,6 根网线,1 根 Console 配置线(也可以用思科模拟器完成)。

【思科关键命令提示】

1)创建 VLAN。

switch# **configure terminal**
switch(config)# **Vlan Vlan-id**
switch(config-Vlan)# **name Vlan-name**
switch(config-Vlan)# **exit**

2)配置端口类型。

switch# **configure terminal**
switch(config)# **interface interface-id**
switch(config-if)# **switch mode trunk/access**

3)设置 Access 端口 VLAN 编号。

switch# **configure terminal**
switch(config)# **interface interface-id**
switch(config-if)# **switchport access Vlan Vlan-id**

4）设置 Trunk 端口默认 VLAN 编号（默认情况下 native Vlan 为 1）。
switch# **configure terminal**
switch(config)# **interface interface-id**
switch(config-if)# **switchport trunk native Vlan Vlan-id**

【任务完成步骤提示】

1）根据拓扑图完成设备连线。

2）完成 4 台用户计算机的 IP 地址配置。

表 3-1 中配置各用户计算机的 IP 地址，实际情况中不同 VLAN 应该配成不同网段，但为了不干扰测试结果，先把 4 台计算机配成同一网段，这样就可以测试同一 VLAN 和不同 VLAN 之间的差异。

表 3-1 用户设备 IP 地址分配

设备名	IP 地址	备注
S-PC1	192.168.1.1/24	为了使得不干扰实验结果，在任务 1 中先配成同一网段
S-PC2	192.168.1.2/24	
H-PC1	192.168.1.3/24	
H-PC2	192.168.1.424	

3）S1 和 S2 上创建 VLAN、VLAN10 销售部、VLAN20 人事部，并把相应端口放入对应 VLAN 中，把与 S3 连接的上行 F0/23 和 F0/24 设置成 Trunk 类型。下面给出 S1 的配置，S2 的配置相类似。

Switch>en
Switch# configure terminal
Switch(config)#hostname s1
s1(config)#Vlan 10
s1(config-Vlan)#name sales
s1(config-Vlan)# interface fastEthernet 0/1
s1(config-if)# switchport access Vlan 10
s1(config-if)#exit
s1(config)#Vlan 20
s1(config-Vlan)#name hr
s1(config-Vlan)# interface fastEthernet 0/2
s1(config-if)# switchport access Vlan 20
s1(config-if)#exit
s1(config)# interface fastEthernet 0/24
s1(config-if)# switchport mode trunk
s1(config-if)#exit

4）完成 S3 的 Trunk 端口配置。

Switch(config)#hostname s3
s3(config)#Vlan 10
s3(config-Vlan)#name sales
s3(config-Vlan)#Vlan 20
s3(config-Vlan)#name hr
s3(config-Vlan)#exit

```
s3(config)#interface range fast 0/23-24
s3(config-if-range)#switchport mode trunk
s3(config-if-range)#exit
s3(config)#
```

5）测试。相同 VLAN 之间的计算机可以 ping 通，不同 VLAN 之间 ping 不通，如图 3-15 和图 3-16 所示。

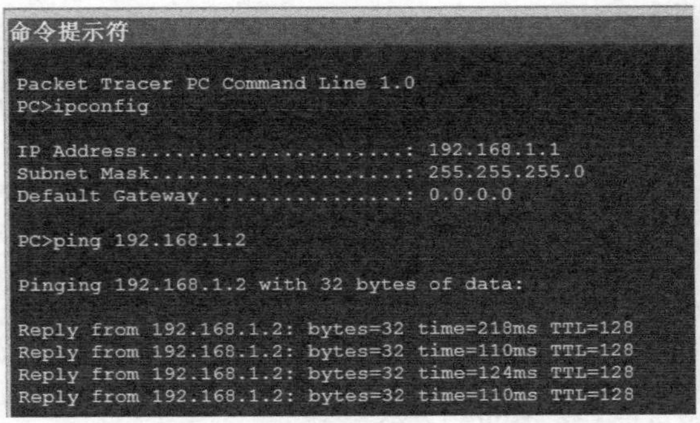

图 3-15　相同 VLAN 之间 ping 通

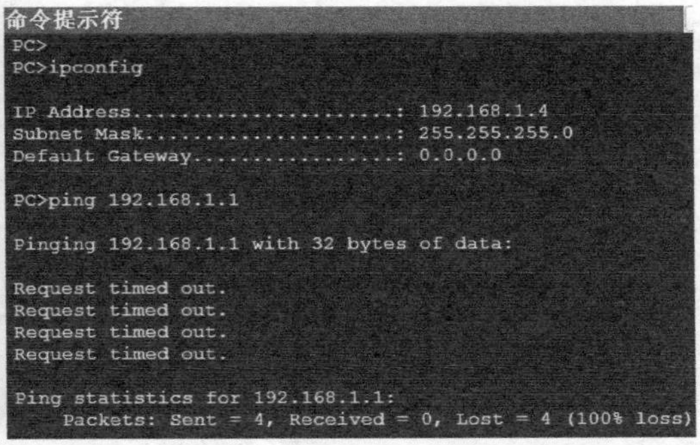

图 3-16　不同 VLAN 之间 ping 不通

任务小结

本任务通过 VLAN 技术实现了跨交换机的部门 VLAN 划分，在结构化布线的基础上，满足了要解决的问题"让不在同栋楼的一个部门的同事在同一个局域网内"。

通过学习本任务，应该掌握 VLAN 的工作原理及基本配置方法，并能够结合实际工作应用进行相应的配置。

任务 2　部门 VLAN 互通

任务分析

完成了上一个任务，各个部门之间已经在二层基础上隔离，保证了部门内部的访问安全，并且控制了广播风暴的范围。但是，部门之间还需要互相访问的，只是需要控制在一定的条件下。如何通过三层设备实现部门间的安全访问呢？接下来需要继续完成任务 2。

不同 VLAN 应该配置不同的网段地址，不同网段的设备通信需要配置每个网段的网关。因此，需要引入三层设备来配置网关，才能实现不同 VLAN 间的通信。

必备知识

1. 使用路由器实现 VLAN 间通信

三层设备可以用路由器，如图 3-17 所示。路由器三个端口连接至交换机，分别在 F0/0、F0/1 和 F1/0 三个端口上配置 10.1.1.1/24（VLAN10 网段的网关）、10.1.2.1/24（VLAN20

网段的网关）、10.1.3.1/24（VLAN30 网段的网关）。三个 VLAN 的计算机用户这样就可以通过路由器来实现互相通信了。

提问：路由器三个端口分别连接到交换机的三个端口上，请问这三个交换机端口是配置 Access 端口类型还是 Trunk 端口类型？由于三个端口分别属于三个 VLAN，所以应该配置为 Access 端口类型。

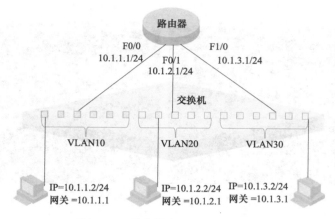

图 3-17　路由器实现 VLAN 间通信

2. 使用单臂路由实现 VLAN 间通信

上面的方法固然简单，但是由于路由器的端口有限，无法给每个 VLAN 分配一个端口，所以可以使用逻辑子端口的方式来实现多网段的网关配置。在网络配置中，有一个专有名词叫"单臂路由"。

F0/0 端口配置成单臂路由，在 F0/0 端口上派生出三个子端口（F0/0.1、F0/0.2、F0/0.3），分别封装 802.1Q 协议，分属 VLAN10、20、30，并配置三个子端口地址，分别为 10.1.1.1/24、10.1.2.1/24、10.1.3.1/24，作为三个 VLAN 的网关，实现 VLAN 间通信，如图 3-18 所示。

提问：路由器的 F0/0 端口连接到交换机上的端口，请问该交换机端口应该配置成 Access 端口类型还是 Trunk 端口类型？由于该端口要让三个 VLAN 的数据帧通过，所以应该配置成 Trunk 端口类型。

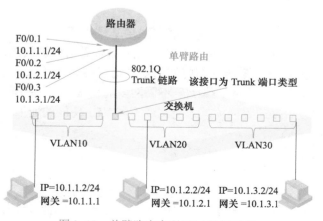

图 3-18　单臂路由实现 VLAN 间通信

3. 使用三层交换机实现 VLAN 间通信

三层交换机是一种集合了路由器和交换机两者优点的设备,它能让用户体验到交换机高速背板的速度,还能有路由器的三层功能。因此,可以用三层交换机实现 VLAN 间通信。三层交换机通过给每个 VLAN 配置交换机虚拟端口（SVI）,从而达到配置网关的目的。

在三层交换机中配置 SVI, interface vlan 10（IP 地址 10.1.1.1/24）、interface vlan 20（IP 地址 10.1.2.1/24）、interface vlan 30（IP 地址 10.1.3.1/24）作为三个 VLAN 的网关,达到三个网段通信的目的,如图 3-19 所示。

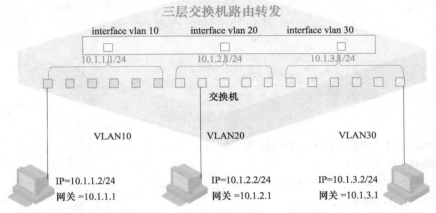

图 3-19　三层交换机实现 VLAN 间通信

任务实施

继续使用图 3-14,任务 1 的拓扑图来完成任务 2,只是 Switch3 需要使用三层交换机。

【环境准备】

4 台计算机,1 台三层交换机,2 台二层交换机,6 根网线,1 根 Console 配置线（也可以用思科模拟器完成）。

【思科关键命令提示】

创建 SVI 并配置 IP 地址。

Switch# **configure terminal**
Switch(config)# **vlan vlan-id**
Switch(config-Vlan)# **name Vlan-name**
Switch(config-Vlan)# **interface vlan vlan-id**
Switch(config-if)#**ip address IP-address IP-subnet-mask**
Switch((config-if)#**no shutdown**

【任务完成步骤提示】

1）在任务 1 的基础上继续完成任务 2。

2）用户设备 IP 地址修改见表 3-2。修改用户设备的 IP 地址,使得同一个 VLAN 在同一个网段,并在计算机上指定相应网关,如图 3-20 所示。

表 3-2　用户设备的 IP 地址修改

设备名	IP 地址	网关
S-PC1	192.168.1.1/24	192.168.1.254/24
S-PC2	192.168.1.2/24	192.168.1.254/24
H-PC1	192.168.2.1/24	192.168.2.254/24
H-PC2	192.168.2.224	192.168.2.254/24

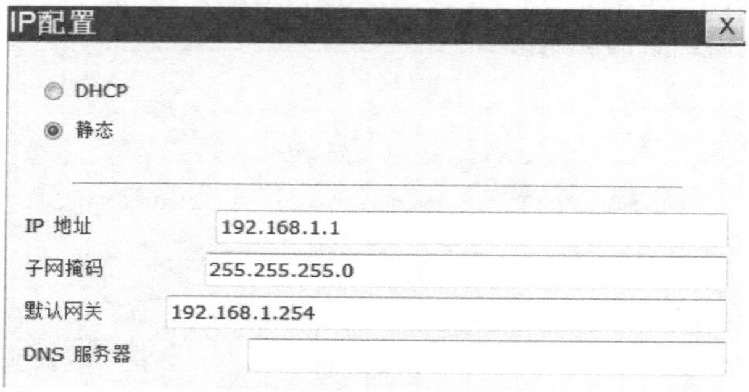

图 3-20　用户设备指定网关

3）在 Switch3 上配置 SVI，并配置网关地址。

switch3(config)#int vlan 10
switch3(config-if)#ip address 192.168.1.254　255.255.255.0
switch3(config-if)#no shutdown
switch3(config-if)#exit
switch3(config)#int vlan 20
switch3(config-if)#ip address 192.168.2.254　255.255.255.0
switch3(config-if)#no shutdown
switch3(config-if)#exit

4）测试，所有用户计算机之间都能 ping 通。原来 S-PC1 和 H-PC2 在任务 1 中无法 ping 通，在本次任务完成后通过网关互相能够 ping 通，如图 3-21 所示。

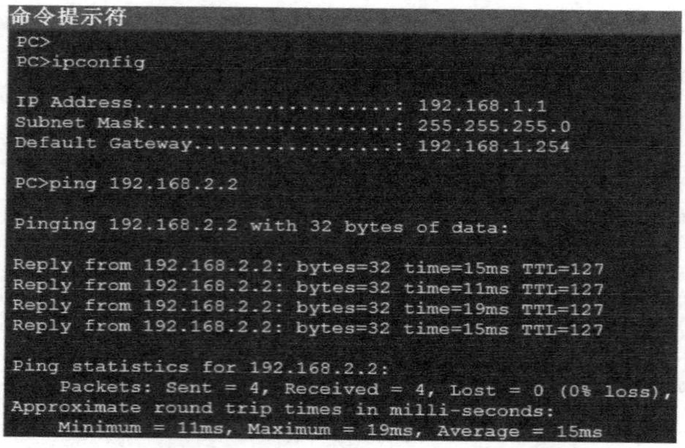

图 3-21　S-PC1 ping 通 H-PC2

拓展任务实施——单臂路由

图 3-22 所示为单臂路由拓扑图。

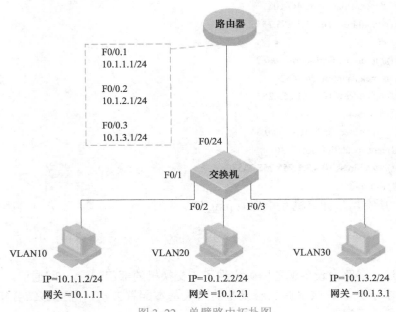

图 3-22 单臂路由拓扑图

【环境准备】

4 台计算机，1 台路由器，1 台二层交换机，4 根网线，1 根 Console 配置线（也可以用思科模拟器完成）。

【思科关键命令提示】

单臂路由创建子端口并配置 IP 地址。

Router(config)#**interface interface-id**
Router(config-if)#**no shutdown**
Router(config-if)# **interface interface-id.1**
Router(config-subif)#**encapsulation dot1Q vlan-id**
Router(config-subif)#**ip address IP-address IP-subnet-mask**
Router(config-subif)#**no shutdown**
Router(config-if)# **interface interface-id.2**
Router(config-subif)#**encapsulation dot1Q vlan-id**
Router(config-subif)#**ip address IP-address IP-subnet-mask**
Router(config-subif)#**no shutdown**

【任务完成步骤提示】

1）在交换机上创建 VLAN10、VLAN20、VLAN30，并把相应端口 F0/1、F0/2、F0/3 划入相应的 VLAN 中。F0/24 配置成 Trunk 端口类型。

2）根据拓扑图，配置用户设备的 IP 地址，并在计算机上指定相应网关。

3）在路由器上配置子端口并配置相应 IP 地址。

Router(config)#interface fastEthernet 0/0
Router(config-if)#no shutdown
Router(config-if)# interface fastEthernet 0/0.1

```
Router(config-subif)#encapsulation dot1Q 10
Router(config-subif)#ip address 10.1.1.1 255.255.255.0
Router(config-subif)#no shut
Router(config-subif)# interface fastEthernet 0/0.2
Router(config-subif)#encapsulation dot1Q 20
Router(config-subif)#ip address 10.1.2.1 255.255.255.0
Router(config-subif)#no shut
Router(config-subif)# interface fastEthernet 0/0.3
Router(config-subif)#encapsulation dot1Q 30
Router(config-subif)#ip address 10.1.3.1 255.255.255.0
Router(config-subif)#no shut
```

4）测试，所有用户计算机互相都能 ping 通。

任务小结

本任务通过三层路由设备配置网关实现了跨交换机的部门 VLAN 间通信。

通过学习本任务，应该掌握三层设备的网关基本配置方法，并能够结合实际工作应用选择相应的设备进行配置。

触类旁通

本任务同样可以用 H3C 等其他厂商的设备来完成。下面给出 H3C 设备的命令提示，提供拓展学习。

【H3C 设备关键命令提示】

1）创建 VLAN，并把 Ethernet1/0/1 加入 vlan 10。

```
<Switch>system-view
[Switch]vlan 10
[Switch -vlan10]port Ethernet1/0/1
```

2）配置端口 Ethernet1/0/1 为 Trunk 类型，并设置该端口允许哪些 VLAN 带标签通过（all 标识允许所有 VLAN 通过），设置该端口的默认 VLAN 为 10（默认 VLAN 是去标签通过），不设置默认为 VLAN1。

```
[Switch]interface Ethernet1/0/1
[Switch- Ethernet1/0/1]port link-type trunk
[Switch- Ethernet1/0/1] port trunk permit vlan {vlan-id-list /all}
[Switch- Ethernet1/0/1] port trunk pvid vlan 10
```

3）配置端口 Ethernet1/0/1 为 Hybrid 类型，并设置该端口允许哪些 VLAN 带标签通过（VLAN 10、20），设置该端口允许哪些 VLAN 不带标签通过（VLAN 30、40），默认 VLAN 为 30，不设置默认为 VLAN1。

```
[Switch]interface Ethernet1/0/1
[Switch- Ethernet1/0/1]port link-type hybrid
[Switch- Ethernet1/0/1]port hybrid vlan 10 20 tagged
[Switch- Ethernet1/0/1]port hybrid vlan 30 40 untagged
[Switch- Ethernet1/0/1]port hybrid pvid vlan 30
```

4）创建 SVI 并配置 IP 地址。

[Switch]interface vlan 10

[Switch- Ethernet1/0/1]ip address 192.168.1.1 24

[Switch- Ethernet1/0/1]undo shutdown

5）单臂路由创建子端口封装 VLAN，并配置网关地址。

[Router]interface gigabitethernet0/0.1

[Router-GigabitEthernet0/0.1]vlan-type dot1q vid 10

[Router -GigabitEthernet0/0.1]ip address 192.168.1.254 24

 习题

1．单选题

1）IEEE 802.1Q 数据帧用多少位表示 VID？（　　）
  A．10　　　　　B．11　　　　　C．12　　　　　D．14

2）以下哪一项不是增加 VLAN 带来的好处？（　　）
  A．交换机不需要再配置　　　　B．机密数据可以得到保护
  C．广播可以得到控制　　　　　D．可降低公司的管理费用

3）IEEE 802.1Q VLAN 能支持的最大个数为（　　）。
  A．256　　　　B．1024　　　　C．2048　　　　D．4094

4）交换机的默认管理 VLAN ID 是（　　）。
  A．0　　　　　B．1　　　　　C．256　　　　D．1024

2．不定项选择题（选择一项或多项）

1）以下关于 Trunk 端口、链路的描述正确的是（　　）。
  A．Trunk 端口的默认 VLAN 值不可以修改
  B．Trunk 端口接收到数据帧时，当检查到数据帧不带有 VLAN ID 时，数据帧在端口加上相应的默认 VLAN 值作为 VLAN ID
  C．Trunk 链路可以承载带有不同 VLAN ID 的数据帧
  D．在 Trunk 链路上传送的数据帧都是带 VLAN ID 的

2）以下关于 Access 端口和链路的描述正确的是（　　）。
  A．Access 端口可以同时属于多个 VLAN
  B．Access 链路只能承载不带 VLAN ID 的数据帧
  C．Access 链路只能承载带 VLAN ID 的数据帧
  D．当 Access 端口接收到一个不带 VLAN ID 的数据帧时，加上端口的 PVID 值作为数据帧的 VLAN ID

3．简答题

1）请讲述 VLAN 技术的种类和各自的特点。

2）请讲述 Access 和 Trunk 端口类型的特点及应用环境。

项目 4 加固部门局域网

职业能力目标

○ 能根据生成树技术和链路聚合技术应用场景,在二层交换机上配置冗余链路,防止网络出现单点故障。

○ 能在二层交换机之间增加带宽,加快数据传输速度。

项目情境

贯穿项目中的任务描述:在关键区域,网络链路故障时能够不影响网络使用。

具体项目情境通过小王与客户李总的一段对话来分析。

李总:"提高网络稳定性,网络链路故障时能够不影响关键区域的网络使用。"

小王:"好的,李总。"

如图 4-1 所示,企业网络拓扑构建按照层次化设计分成接入层、会聚层和核心层三层,接入层是用户设备接入局域网的部分;会聚层是把各接入层网络会聚起来;核心层是网络的高速交换主干。其中,会聚层到核心层是网络通信的主干通道,对网络通信至关重要。因此,在关键区域做链路备份非常必要,当一条分支出现故障时,冗余链路可以切换使用。

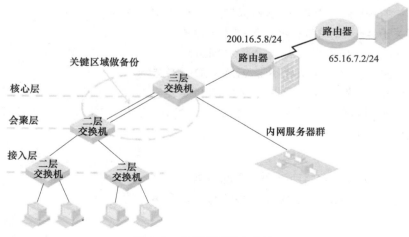

图 4-1 关键区域冗余备份

任务 1　使用生成树协议实现关键区域冗余备份

任务分析

在关键区域做冗余备份可以提高网络健壮性，但是会带来一个很严重的问题，就是广播风暴。

当计算机发送一个广播帧，交换机端口默认不会隔离广播帧，它收到后会在除收到的端口以外的所有端口进行转发，所以会引起如图 4-2 所示的广播风暴。在局域网中，广播风暴危害极大，会极大地占据带宽等资源，使得正常数据无法转发。当然除了广播风暴，冗余链路还会带来其他问题，比如 MAC 地址表不稳定、多帧复制等。

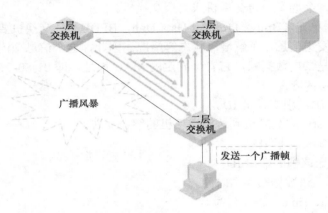

图 4-2　冗余链路引起广播风暴

是否有一种方法，既可以得到冗余链路带来的健壮性，又可以避免广播风暴等问题呢？如图 4-3 所示，当主要链路正常时，备份链路断开，当主要链路出现故障时，网络能够自动启用备份链路。这里关键要注意的是要"自动"，如果人工切换，切换时间是无法满足实际需要的，毕竟中断网络几秒对于用户来讲使用体验将差很多。"自动"切换要做到很平滑，几乎让用户感受不到。

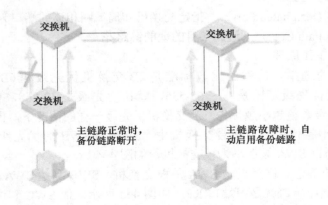

图 4-3　冗余链路理想状态

必备知识

1. 生成树协议

为了实现冗余链路的上述"自动"切换功能，IEEE 通过了 802.1D 标准。这个标准能够实现任务分析中的理想状态，当主链路正常时，备份链路断开；当主链路故障时，备份链路能自动连接。自然界的树不会有环路，树枝都是发散式生长，因此 IEEE 802.1D 标准被定义成生成树协议（Spanning-Tree Protocol，STP）。

理解生成树协议的工作原理，需要了解以下知识内容。

(1) 生成树的基本概念

1) 根交换机（Root Bridge）。自然界的树有根，因此生成树也有"根"。在运行了生成树协议的网络中，会选举一台交换机成为根交换机。

2) 桥协议数据单元（Bridge Protocol Data Unit，BPDU）。交换机要想自动切换链路，那交换机之间需要发送信息，了解链路状态等情况。因此，这个信息交流单元叫作桥协议数据单元，这个数据是二层数据帧，它有个固定的 MAC 地址，即 01-80-C2-00-00-00。该数据帧中包含有以下信息内容：

① Root Bridge ID：根交换机 ID。
② Root Path Cost：本交换机到达根交换机的路径花费。
③ Bridge ID：本交换机 ID。
④ Port ID：发送该帧的端口 ID。
⑤ Message age：该数据帧存活时间。
⑥ Forward Delay Time：转发延时。
⑦ Hello Time BPDU：数据帧的发送间隔时间。
⑧ Max-Age Time BPDU：数据帧生存的最长时间。
⑨ 还有一些信息标志位。

3) 根端口（Root Port）。交换机（非根交换机）选择本地端口出发，到达根交换机最短的路径，该端口为根端口。

4) 指定交换机（Designated Bridge）。每个局域网都有指定交换机，它在该局域网与根交换机之间的最短路径上。

5) 指定端口（Designated Port）。指定交换机和局域网相连的端口为指定端口。

6) 路径开销（Path Cost）。达到某目的地的链路花费。

(2) 生成树的工作原理

1) 根交换机的选举。选举的比较标准是 2B 交换机优先级和 6B MAC 地址组成的 Bridge ID，交换机优先级范围是 0～65 535，默认优先级是 32 768，优先级设置必须是 4096 的倍数。优先级数值越小越优先，当交换机优先级一样的情况下，再比较 MAC 地址，MAC 地址也是越小越优先。在三台交换机中，SWA 和 SWB 的优先级都是 0，但 SWA 的 MAC 地址更小，所以 SWA 被选举为根交换机，如图 4-4 所示。

2) 端口角色的确定。已经设定 SWA 是根交换机，SWB 到达 SWA 最短的路径开销是 20，因此 SWB 的上行端口就是根端口 RP，如图 4-5 所示。而 SWC 到达 SWA 的最短路径开销是 10，因此 SWC 的上行端口也是根端口 RP。SWA 由于是根交换机，所以默认它上面所有的端口都是指定端口 DP。而 SWB 和 SWC 相连接的 LAN 左右两个端口确定角色的步骤如下：可以在 SWB 和 SWC 的中间位置假设放置一台计算机，计算机到达根交换机 SWA 明显是往右走，经过 SWC 的路径开销小，因此 SWC 就是指定交换机，而经过的右边的端口就是指定端口。最后，剩下左边连接到 SWB 的端口就被阻塞。

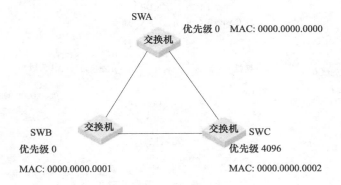

图 4-4　根交换机的选举

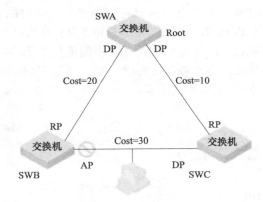

图 4-5　端口角色的确定

3）一些特殊的比较情况。

① 通过桥 ID 决定端口角色。假设 SWA 为根交换机，SWA 的两个端口全是指定端口 DP，如图 4-6 所示。SWC 和 SWD 的上行端口为根端口 RP。SWB 到达根 SWA，左右两条路的 Cost 都是 20。这时比较两条路经过的 SWC 和 SWD 的桥 ID：优先级加 MAC 地址。默认情况下优先级都是 32 768，但是左行经过的 SWC 的桥 ID 0.0000-0000-0001 小于 SWD 的桥 ID 0.0000-0000-0002，越小越优先，所以 SWB 的左行端口被指定为根端口 RP。SWB 和 SWD 连接的 LAN，假设在中间挂一台计算机，该计算机到达根交换机 SWA 的最短路径是连接 SWD，因此连接 SWD 的端口为指定端口 DP，最后剩下 SWB 的右端口被阻塞。

② 通过端口 ID 决定端口角色。如图 4-7a 所示，假设 SWA 为根交换机，SWA 的 F0/1 和 F0/2 端口为指定端口 DP，而 SWB 到达 SWA 两条链路都是花费 10，而且路径的目的交换机都是 SWA，这时可以比较路径的目的端口，即 SWA 的 F0/1 和 F0/2 端口，如图 4-7 所示。比较的是端口 ID，由端口优先级加端口编号组成，端口优先级的范围是 0～255，默认情况下是 128。图 4-7 中 F0/1 和 F0/2 端口优先级都是默认的 128，此时比较端口编号，

F0/1 小于 F0/2，所以与 SWA 的 F0/1 端口连接的 SWB 上的端口被设置成根端口 RP，SWB 上另一个连接 SWA 的 F0/2 端口被阻塞。

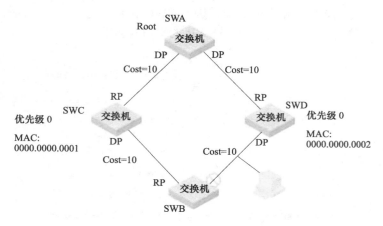

图 4-6　桥 ID 决定端口角色

当上行端口是同一个时，就需要比较下行端口 ID 来确定哪个端口被阻塞。如图 4-7b 所示，SWA 是根交换机，SWB 去往根交换机有三条路，三条路的 Cost 都是 10，由于上行端口是两个：SWA 的 F0/1 和 F0/2，所以优先选择走 SWA 的 F0/1（端口优先级一致比较端口号）。但是，由于走 SWA 的 F0/1 端口的两条路中间连接的是集线器，所以此时只能考虑 SWB 的本地端口 F0/1 和 F0/2，由于端口优先级一致，所以 SWB 的 F0/1 端口被选中为根端口，其他 SWB 的 F0/2 和 F0/3 端口就被阻塞。

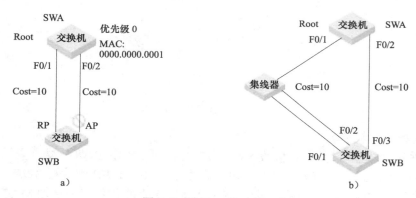

图 4-7　端口 ID 决定端口角色

（3）生成树协议的缺点　在任务分析中，想要找到一种方法，使得"自动切换要做到很平滑，几乎让用户感受不到。"但是生成树协议，当网络发生拓扑改变时，交换机互相转发新的 BPDU，扩散时间较长，而且它的端口状态之间的切换时间也较长，所以网络收敛速度较慢，用户体验度不高。

其中端口的状态有：

① Disabled 状态，该状态不收发 BPDU 报文，接收或转发数据。
② Blocking 状态，该状态接收但不发送 BPDU，不接收或转发数据。
③ Listening 状态，该状态接收并发送 BPDU，不接收或转发数据。

④ Learning 状态，该状态接收并发送 BPDU，不接收或转发数据。

⑤ Forwarding 状态，该状态接收并发送 BPDU，接收并转发数据。

端口间状态切换的时间：

从 Blocking 状态转换到 Listening 状态的延时为 20s，而端口从 Listening 状态到 Learning 状态、从 Learning 状态到 Forwarding 状态延时都是 15s。

2．快速生成树协议

由于生成树协议收敛速度慢，IEEE 在 802.1D 标准的基础上进行了改进，通过了 IEEE 802.1w 协议，使得收敛速度从原来的 50s 提高到最快 1s，所以称为快速生成树协议（Rapid Spanning-Tree Protocol，RSTP）。

快速生成树给根端口 RP 设置了无延时切换的替换端口 AP，当根端口失效，替换端口就立即启用。同样指定端口 DP 也设置了无延时切换的备份端口 BP，指定端口失效时，备份端口立即启用。而连接终端设备的端口定义为边缘端口 EP，该端口不需要任何延时直接转发，但这个端口类型需要网络管理员进行配置。RSTP 可以无缝兼容 STP。

3．其他类型的生成树协议

（1）每个 VLAN 生成树协议（Per-VLAN Spanning Tree Protocol，PVST） 这是思科私有的协议，与生成树协议相比，PVST 给每个 VLAN 生成一棵生成树。这样可以使得一个 VLAN 某条链路阻塞的情况下，另外一条链路是可以传递消息的，因此可以达到流量的负载均衡。目前，思科交换机默认的是 PVST+，这个改进的协议是让默认的 VLAN1 运行 STP，而其他 VLAN 运行 RSTP。

（2）多生成树协议（Multiple Spanning Tree Protocol，MSTP） MSTP 是在 IEEE 802.1w 协议基础上扩展而来的。它和思科的私有 PVST 协议类似，PVST 是每个 VLAN 生成一棵树，而 MSTP 是一些 VLAN 生成一棵树，因此同样可以达到流量的负载均衡。VLAN1～VLAN5 访问服务器走左侧链路，下方交换机的右侧端口被阻塞，而 VLAN6～VLAN9 访问服务器走右侧链路，下方交换机的左侧端口被阻塞，如图 4-8 所示。

这个协议得到了大多数网络厂商设备的支持。

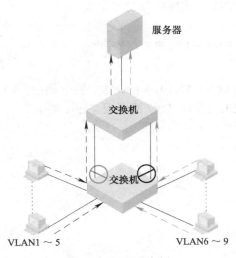

图 4-8　MSTP 实例

任务实施

左侧企业网中关键部分的网络冗余备份可以简化完成右侧两台交换机的冗余备份，如图 4-9 所示。右侧拓扑图中把 SWA 设置为根交换机，VLAN10 设置 SWB 的 F0/1 端口阻塞，VLAN20 设置 SWB 的 F0/2 端口阻塞。

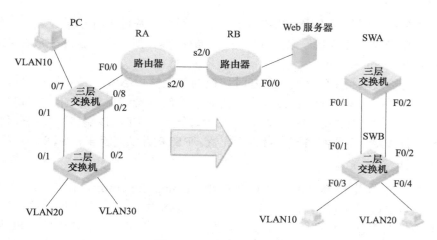

图 4-9　任务实施拓扑图

【环境准备】

2 台计算机，1 台二层交换机，1 台三层交换机，4 根网线，1 根 Console 配置线（也可以用思科模拟器完成）。

【思科关键命令提示】

1）配置本交换机 VLAN1 生成树的优先级。

Switch(config)#spanning-tree vlan vlan-id priority <0-61440>

2）配置本交换机 VLAN1 生成树接口的优先级。

Switch(config)# interface interface-id
Switch(config-if)#spanning-tree vlan vlan-id port-priority <0-240>

【任务完成步骤提示】

1）在交换机 SWB 上创建 VLAN10、VLAN20，并把相应 F0/3 端口划入相应 VLAN10 中，F0/4 端口划入相应 VLAN20。F0/1、F0/2 配置成 Trunk 类型。

```
swb(config)#vlan 10
swb(config-vlan)#vlan 20
swb(config-if)#exit
swb(config)#interface fastEthernet 0/3
swb(config-if)#switchport access vlan 10
swb(config-if)#exit
swb(config)#interface fastEthernet 0/4
swb(config-if)#switchport access vlan 20
```

```
swb(config-if)#exit
swb(config)#interface range fastEthernet 0/1 – 2
swb(config-if-range)#switchport mode trunk
```

2）在交换机 SWA 上创建 VLAN10、VLAN20，F0/1、F0/2 配置成 Trunk 类型。创建虚拟端口 SVI10（IP 地址是 192.168.1.254/24），虚拟端口 SVI20（IP 地址是 192.168.2.254/24）。

3）在交换机 SWA 上配置优先级 4096，设置为根交换机，并设置 F0/1 端口的优先级为 144（VLAN10），设置 F0/2 端口的优先级为 144（VLAN20）。

```
swa(config)#spanning-tree vlan 10 priority 4096
swa(config)#spanning-tree vlan 20 priority 4096
swa(config)#interface fastEthernet 0/1
swa(config-if)#spanning-tree vlan 10 port-priority 144
swa(config-if)#exit
swa(config)#interface fastEthernet 0/2
swa(config-if)#spanning-tree vlan 20 port-priority 144
swa(config-if)#exit
```

4）查看生成树，是否按要求阻塞相应的端口。

```
swb#show spanning-tree vlan 10
swb#show spanning-tree vlan 20
```

任务小结

本任务通过配置生成树协议的方法实现企业网关键区域链路冗余备份。

通过学习本任务，应该掌握生成树协议的配置方法，并能够结合实际工作应用调整相应的优先级配置达到控制链路阻塞的效果。

任务 2　使用链路聚合实现关键区域冗余备份

任务分析

除了生成树协议这种解决方案，是否还有其他技术实现关键区域冗余备份呢？IEEE 802.3ad 标准定义了如何把多个以太网物理端口捆绑在一起形成一个逻辑端口的方法。这项标准不仅可以提高网络健壮性（假设捆绑在一起的其中一条链路断开，网络还能正常运行），它还能提高链路带宽，聚合在一起的链路可以将多条链路的带宽叠加在一起使用，如图 4-10 所示。当然，链路聚合有其适用的特殊场合，并不是所有生成树协议适合的冗余备份场合它都适用。

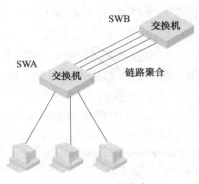

图 4-10　链路聚合

必备知识

1. 以太网链路聚合技术基本概念

IEEE 802.3ad 标准可以把多个以太网端口聚合成一个逻辑端口（Aggregate Port，AP）。聚合起来的带宽，全双工快速以太网端口 AP 最大可以到 800Mbit/s，千兆以太网端口可形成 8Gbit/s。通信流量负载在多条链路上，有时称链路聚合技术为负载平衡。当聚合中的一条链路发生故障时，交换机自动检测到该情况，进行计算重新改向，把流量加载到其他端口上，这个时间用户几乎感受不到，网络继续运行。

2. 以太网链路聚合分类

（1）静态 Trunk 技术 把需要聚合的端口都设置成 Trunk 模式，然后捆绑在一起形成一个逻辑端口，这种方式叫静态 Trunk 技术。

（2）动态链路聚合控制协议（Link Aggregation Control Protocol，LACP） 激活某端口的 LACP 后，该端口将通过发送消息给对端，其中包含端口本身的系统优先级、系统 MAC 地址、端口优先级和端口号。对端接收到这些消息后，和对端属性一致的端口将加入聚合组，双方可以对端口加入或退出某个动态聚合组达成一致。

任务实施

继续使用任务 1 的图 4-9，左侧企业网中关键部分的网络冗余备份可以简化完成右侧两台交换机的冗余备份。右侧拓扑图中把 SWA 和 SWB 的 F0/1 端口、F0/2 端口做链路聚合，既提高了链路健壮性，又提高了链路带宽。

【环境准备】

2 台计算机，1 台二层交换机，1 台三层交换机，4 根网线，1 根 Console 配置线（也可以用思科模拟器完成）。

【思科关键命令提示】

创建聚合端口，并把需要捆绑的端口划入该虚拟端口。

```
Switch(config)# interface port-channel 1
Switch(config-if)# exit
Switch(config)#interface interface-id
Switch(config-if)#channel-group 1 mode on
```

【任务完成步骤提示】

1）在交换机 SWB 上创建 VLAN10、VLAN20，并把相应 F0/3 端口划入相应 VLAN10 中，F0/4 端口划入相应 VLAN20。F0/1、F0/2 配置成 Trunk 类型。

2）在交换机 SWA 上创建 VLAN10、VLAN20，F0/1、F0/2 配置成 Trunk 类型。创建虚拟端口 SVI10（IP 地址是 192.168.1.254/24），虚拟端口 SVI20（IP 地址是 192.168.2.254/24）。

3）在交换机 SWA 上配置聚合端口 1，并把 F0/1、F0/2 端口划入聚合端口 1。

```
swa(config)#interface port-channel 1
swa(config-if)#exit
swa(config)#interface range fastEthernet 0/1 – 2
```

swa(config-if-range)#channel-group 1 mode on
swa(config-if)#exit

4）在交换机 SWB 上配置聚合端口 1，并把 F0/1、F0/2 端口划入聚合端口 1。

5）给 PC1 和 PC2 设置相应的网段地址，然后测试 PC1 ping 通 PC2。

任务小结

本任务通过配置聚合端口的方法实现企业网关键区域链路冗余备份。

通过学习本任务，掌握聚合端口的配置方法，并能够根据应用场合选择两种方式实现链路冗余备份。

触类旁通

本任务同样可以用 H3C 等其他厂商的设备来完成。下面给出 H3C 设备的命令提示，提供拓展学习。

【H3C 设备关键命令提示】

1）在交换机上启动生成树协议。

[Switch]stp enable
[Switch]stp mode {stp | rstp | mstp}

2）配置交换机的优先级为 0。[instance instance-id] 该选项是当 MSTP 模式多个生成树时选用。

[Switch]stp [instance instance-id] priority 0

3）配置交换机端口 Ethernet1/0/2 为边缘端口。

[Switch] interface Ethernet 1/0/2
[Switch-Ethernet1/0/2]stp edged-port enable

4）创建聚合端口 1，并把 Ethernet1/0/1、Ethernet1/0/2 加入其中。

[Switch]interface bridge-aggregation 1
[Switch]interface Ethernet 1/0/1
[Switch-Ethernet1/0/1]port link-aggregation group 1
[Switch]interface Ethernet 1/0/2
[Switch-Ethernet1/0/1]port link-aggregation group 1

习题

1．单选题

1）STP 交换机默认的优先级为（　　）。
    A．0　　　　　　　B．1　　　　　　　C．4096　　　　　　D．32768

2）IEEE 制定实现 STP 使用的是下列哪个标准？（　　）
    A．IEEE 802.1w　　　　　　　　　B．IEEE 802.3ad
    C．IEEE 802.1D　　　　　　　　　D．IEEE 802.1X

3）在（　　）方式中，双方交换机需要使用链路聚合协议。

A. 静态聚合　　　B. 动态聚合　　　C. 网络聚合　　　D. 协议聚合

4) 在两台交换机之间运行生成树协议，假设两台交换机之间连接双链路，那么在拓扑稳定后，构成双链路的接口中有几个接口处在转发状态？（　　）

A. 2　　　　　B. 3　　　　　C. 4　　　　　D. 1

2. 不定项选题

1) 链路聚合有哪些优点？（　　）

A. 增加带宽　　　　　　　　　B. 提高链路健壮性
C. 减少工作量　　　　　　　　D. 节约成本

2) 在 RSTP 中，Discarding 状态端口都有哪些角色？（　　）

A. Listening　　　B. Backup　　　C. Learning　　　D. Alternate

3) 下列哪些值可作为 RSTP 交换机的端口优先级？（　　）

A. 0　　　　　B. 32　　　　　C. 1　　　　　D. 100

4) 网桥 ID 包括哪些组成部分？（　　）

A. 网桥 IP　　　　　　　　　B. 网桥的 MAC 地址
C. 路径花费　　　　　　　　　D. 网桥的优先级

3. 简答题

1) 请简述 STP 判断最短路径的规则。

2) 请简述 STP 根交换机的产生过程。

项目 5　使用路由技术实现部门间网络互访

PROJECT 5

 职业能力目标

- 能使用静态路由完成企业内部网中各 IP 子网互通。
- 能使用动态路由完成企业内部网中各 IP 子网互通。
- 能根据具体应用场合，选用合适的路由技术实现 IP 子网互通。

 项目情境

贯穿项目中的任务描述：用路由技术完成企业内部网中各 IP 子网互通，如图 5-1 所示。具体项目情境通过小王与客户李总的一段对话来分析。

李总："企业各部门和内网服务器群实现互通。"

小王："好的，李总。"

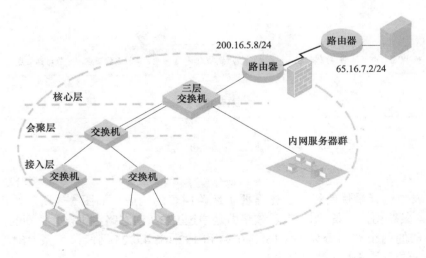

图 5-1　企业内部网

网络中各网段之间互通，需要路由技术来实现。路由技术其实就是路由选择算法，分成静态和动态两种类型。

任务 1　静态路由实现

任务分析

网络中的数据需要路由技术才能从出发设备穿越网络传递到目的设备。本任务探讨如何使用静态路由技术达到这一目的。

必备知识

1. 路由基本概念

路由有两个层次的含义，一是如何进行数据转发；二是如何选择最优路径。

当一个主机发送数据给另一个主机时，首先查看该目的主机是否与源主机在同一个网段，如果在同一网段则直接封装该主机的物理地址（通过获取物理地址的某些方法）；如果不在同一网段则封装网关的物理地址，如图 5-2 所示。往往这个网关配置在三层设备路由器上，路由器通过查找路由表中目的 IP 地址的最优路径，找到下一跳路由器的物理地址后转发，重复上述步骤，直到找到最终的目的主机。可以发现，在数据转发过程中，数据包的物理地址在改变，而其 IP 地址不改变。因此，物理地址（MAC 地址）是管控数据包节点到节点，而逻辑地址（IP 地址）是管控数据包主机到主机。

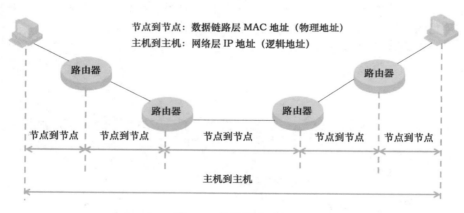

图 5-2　数据转发过程

2. 路由表

在路由表中选择最优路径，首先需要了解路由表的构成。如图 5-3 所示，可以看到该路由表中有 4 条路由，一条"R"表示该路由是通过 RIP（动态路由协议）学到的，两条"C"表示该路由器的两个端口分属 192.168.3.0/24 和 192.168.4.0/24 网段，一条"S*"表示该路由是一条特殊的静态路由（默认路由）。

分析"R 192.168.2.0/24 [120/1] via 192.168.3.254, 00:00:12, FastEthernet0/0"这条路由，"192.168.2.0/24"是目的网段地址；"[120/1]"中 120 是管理距离（路由可信度），1 表示该条路由的花费度量值；"via 192.168.3.254"表示到达目的网段"192.168.2.0/24"要通过

下一跳地址 192.168.3.254；"FastEthernet0/0"表示去往目的地的本地出口。

```
Router(config)#do show ip route
Codes: C - connected, S - static, I - IGRP, R - RIP, M - mobile, B - BGP
       D - EIGRP, EX - EIGRP external, O - OSPF, IA - OSPF inter area
       N1 - OSPF NSSA external type 1, N2 - OSPF NSSA external type 2
       E1 - OSPF external type 1, E2 - OSPF external type 2, E - EGP
       i - IS-IS, L1 - IS-IS level-1, L2 - IS-IS level-2, ia - IS-IS inter area
       * - candidate default, U - per-user static route, o - ODR
       P - periodic downloaded static route

Gateway of last resort is 192.168.4.253 to network 0.0.0.0

R    192.168.2.0/24 [120/1] via 192.168.3.254, 00:00:12, FastEthernet0/0
C    192.168.3.0/24 is directly connected, FastEthernet0/0
C    192.168.4.0/24 is directly connected, FastEthernet0/1
S*   0.0.0.0/0 [1/0] via 192.168.4.253
```

图 5-3　路由器中路由表的构成

3. 路由可信度（路由优先级）

路由信息的来源分成三种，直接相连的路由（图 5-3 中"C"路由），管理员用命令手工配置的路由（图 5-3 中"S*"路由），通过动态路由协议自动学习到的路由（图 5-3 中"R"路由）。由于各种路由信息的来源不一样，所以其路由可信度（也称路由优先级或管理距离）不一样。各个网络设备厂商规定的路由可信度不一致。思科设备默认路由可信度见表 5-1。路由可信度数值越小越优先。

表 5-1　思科设备默认路由可信度

序号	路由来源	路由可信度	序号	路由来源	路由可信度
1	直连路由（C）	0	6	IS-IS（I）	115
2	静态路由（S）	1	7	RIP (v1/v2)（R）	120
3	外部 BGP（B）	20	8	内部 BGP（B）	200
4	EIGRP（D）	90	9	unknown	255
5	OSPF（O）	110			

4. 度量值（Metric 值）

路由度量值（Metric 值）是到达目的网络所花费的代价。因为每一种路由协议计算路由度量值的方法不一样，所以不同路由来源、不同路由协议的路由度量值没有可比性，只有来源一致且路由协议一致的情况下，才可以进行比较。

例如 RIP，路由度量值的衡量标准是跳数，经过一个路由器跳数加 1；OSPF 路由度量值考量链路带宽，带宽越大，度量值越小；EIGRP 路由度量值考虑带宽、延迟、可信度和最大传输单元等。

5. 路由决策原则

当路由表中去相同的目的地址有多条路可以选择时，路由器会选择哪一条路呢？依据是什么？这就要根据路由决策原则来选路。

（1）最长匹配原则　将要去的目的网段和路由条目中的子网掩码进行比较，匹配越长越优先。譬如要去 10.1.1.0/24 网段，路由表中有两条路由条目，一条是 10.0.0.0/8，另一条是 10.1.0.0/16，此时会选择后一条 10.1.0.0/16，因为它与目的网络匹配的子网掩码更长。这很好理解，假如生活中要去泰州医药高新区天星路 8 号，现在有三条信息，第一条信息是泰州市怎么走，第二条信息是泰州市医药高新区怎么走，第三条是泰州医药高新区天星路怎么走,那么毫无疑问最长匹配的优先——第三条信息被选中。

(2)路由可信度原则　当最长匹配比较后,发现一样长分不出哪个优先,这时候就要比较路由可信度,也就是路由优先级。路由优先级越小越优先。譬如同样要去 10.1.1.0/24 网段,路由表中也有两条,一条是"S 10.1.0.0/16",另一条是"R 10.1.0.0/16",因为路由可信度一个是 1,另一个是 120,所以选择"S 10.1.0.0/16"这条路由。

(3)路由度量值原则　如果前两者都比较后,发现还是无法区分哪条路由优先,则比较路由度量值。譬如还是要到 10.1.1.0/24 网段,路由表中有两条路由,是"S 10.1.1.0/24 [1/20]"和"S 10.1.1.0/24 [1/40]",这时掩码一样长,可信度都是 1,那这时比较度量值 20 和 40,花费小的 20 优先。

6. 直连路由

三层网络设备的激活端口配置好 IP 地址后,所在的网段就是直连路由,会自动生成填入路由表。路由器的三个接口连接三个网段,接口激活后,三个网段生成三条直连路由,如图 5-4 所示。

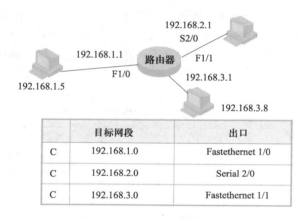

图 5-4　直连路由

7. 静态路由

静态路由是指由网络管理员手工配置的路由信息,在小规模网络中使用这种方式,可以精确控制路由的走向,简单高效,网络保密性好。但是,在大规模网络中不适用这种方法,首先大型网络的静态路由配置条目需要非常多,工作量大,而且一旦拓扑发生改变,带来大量的静态路由修改工作。

RA 和 RB 两台路由器各自有两条直连路由,但是当计算机(192.168.1.7)发送数据到计算机(10.50.3.2),数据到达 RA,由于 RA 中没有去往目的地网段 10.50.3.0/24 的路由,所以数据会被丢弃,这里可以用静态路由的方法手工给它配置一条路由,该路由告诉 RA,要到 10.50.3.0/24 网段去本地出口 S2/0 或者告诉它下一跳是 172.16.1.2。同样,需要在 RB 上配置一条指向 192.168.1.0/24 网段的静态路由。这样两台计算机就可以通信了,如图 5-5 所示。

默认路由是特殊的静态路由。图 5-3 中"S* 0.0.0.0/0 [1/0] via 192.168.4.253"就是一条默认路由。基于路由最长匹配原则,可知只有当路由表中找不到其他匹配的路由条目,才会匹配这条默认路由,这是最不精确的匹配,"网络上 99% 以上的路由器都配置了默认路由"。默认路由一般用在只有一个出口的末梢网络中,它的配置可以使路由表中没有匹配目的地的数据包,最后匹配默认路由进行转发。

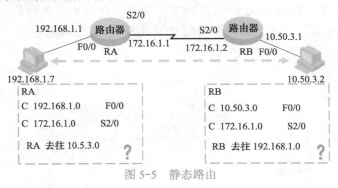

图 5-5 静态路由

在图 5-5 中,两台路由器可以分别配置一条默认路由指向对方的连接接口作为下一跳地址,同样可以让两台计算机互相通信。

静态路由配置思路:静态路由配置分三步走。首先,分析拓扑图中总共有多少个网段。其次,确定三层设备有哪些直连网段,然后确定该三层设备有多少个非直连网段(总网段数 − 直连网段数 = 非直连网段数)。最后,根据非直连网段数确定配置多少条静态路由。如图 5-6 所示,该拓扑图共计 6 个网段,RA 直连 2 个网段,因此需要配置 4 条静态路由,下一跳都是 10.2.0.2;RB 直连 2 个网段,因此也需要配置 4 条静态路由,去往 10.1.0.0/24 网段的下一跳是 10.2.0.1,其余 3 条的下一跳都是 10.3.0.2;RC 直连 3 个网段,因此需要配置 3 条静态路由,去往 10.1.0.0/24 和 10.2.0.0/24 的两个网段的下一跳都是 10.3.0.1,而去往 10.5.0.0/24 网段的下一跳 10.4.0.2;RD 直连 2 个网段,因此配置 4 条静态路由,并且下一跳都是 10.4.0.1。共计配置 15 条静态路由。

默认路由配置思路:对于末梢网段用默认路由简化配置非常合适,对于非末梢网段要注意互联网方向,默认路由必须与互联网走向所一致。原来在上面分析中,RA 需要配置 4 条静态路由,这里由于它是末梢网络,所以可以用一条默认路由直接替代;RB 其中 3 条静态路由的下一跳是 10.3.0.2,也可以用一条默认路由替代,因为这 3 条与互联网走向一致;RC 的 3 条静态路由不可以用默认路由省略;RD 的 4 条静态路由可以用一条默认路由替代。所以共计只要配置 7 条路由,如图 5-6 所示。

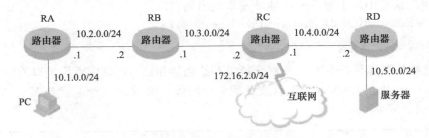

图 5-6 静态路由配置思路举例

任务实施

模拟某企业网络的拓扑结构,在路由器 RB 的 f0/0 接口下有一台 FTP 服务器,为内部主机提供 FTP 服务，如图 5-7 所示。RB 通过广域网口和互联网相连。S3 通过接口 F0/8 与 RA 相连，在 S3 上有 VLAN10 连接网管 PCC。为了保证网络的稳定性，接入层 S2 和汇聚层 S3 通过两条链路相连。S2 上有两个部门 VLAN20 和 VLAN30。

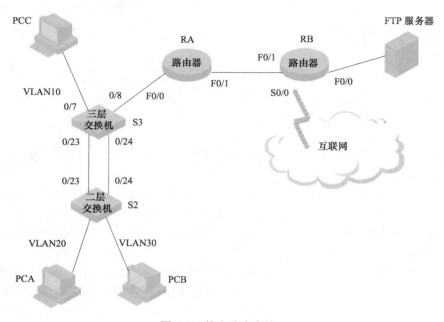

图 5-7　静态路由实施

【环境准备】

4 台计算机，1 台二层交换机，1 台三层交换机，2 台路由器，8 根网线，1 根 Console 配置线（也可以用思科模拟器完成）。

【思科关键命令提示】

1) 配置静态路由，指定下一跳地址或本地出端口。

Router(config)#ip route destination-address netmask {next-hop address | interface-id }

2) 配置默认路由，指定下一跳地址或本地出端口。

Router(config)#ip route 0.0.0.0 0.0.0.0 {next-hop address | interface-id }

【任务完成步骤提示】

1) 根据拓扑图规划 IP 网段。三层交换机和路由器相连，可以用虚拟端口的方式来连接，因此多添加一个 VLAN40 网段，共计要使用 6 个网段。IP 地址规划见表 5-2。

表 5-2　IP 地址规划

设 备 名	端口或 VLAN	规 划 地 址
S3	VLAN10	192.168.10.254/24
	VLAN20	192.168.20.254/24
	VLAN30	192.168.30.254/24
	VLAN40	192.168.1.1/30

（续）

设 备 名	端口或 VLAN	规 划 地 址
RA	F0/0	192.168.1.2/30
	F0/1	192.168.1.5/30
RB	F0/0	192.168.1.9/30
	F0/1	192.168.1.6/30
PCA	地址：192.168.20.1	网关：192.168.20.254
PCB	地址：192.168.30.1	网关：192.168.30.254
PCC	地址：192.168.10.1	网关：192.168.10.254
FTP	地址：192.168.1.10	网关：192.168.1.9

2）配置 S2 二层交换机 VLAN20、30，并把相应端口划入相应 VLAN（F0/1 属于 VLAN20，F0/2 属于 VLAN30）。设置 0/23 和 0/24 端口为 Trunk 类型，选择链路聚合做冗余链路。

3）配置 S3 三层交换机 VLAN10、20、30、40，并把相应端口划入相应 VLAN（F0/7 属于 VLAN10，F0/8 属于 VLAN40）。设置 0/23 和 0/24 端口为 Trunk 类型，选择链路聚合做冗余链路。

4）配置 S3 三层交换机的虚拟端口 VLAN10、20、30、40 的 IP 地址，具体见表 5-2。

5）路由器 RA 和 RB 分别配置端口 IP 地址，具体见表 5-2。

6）配置 PCA、PCB、PCC 和 FTP 服务器的 IP 地址和网关。

7）在 S3 三层交换机上配置静态路由，由于该设备属于网络末梢，出口只有一条，所以适合配置默认路由。

S3(config)#ip route 0.0.0.0 0.0.0.0 192.168.1.2

8）在 RA 路由器上配置静态路由，由于到互联网方向是往 RB 走，所以默认路由的下一跳为 RB 的 F0/1 端口。其他去往 VLAN10、VLAN20、VLAN30 的非直连网段的下一跳为 S3 交换机上的虚拟端口 VLAN 40 的 IP 地址 192.168.1.1。

RA(config)#ip route 0.0.0.0 0.0.0.0 192.168.1.6
RA(config)#ip route 192.168.10.0 255.255.255.0 192.168.1.1
RA(config)#ip route 192.168.20.0 255.255.255.0 192.168.1.1
RA(config)#ip route 192.168.30.0 255.255.255.0 192.168.1.1

9）在 RB 路由器上配置静态路由，配置一条去往互联网的默认路由，还要配置 4 条静态路由，下一跳都是 192.168.1.5。

RB(config)#ip route 0.0.0.0 0.0.0.0 s0/0
RB(config)#ip route 192.168.10.0 255.255.255.0 192.168.1.5
RB(config)#ip route 192.168.20.0 255.255.255.0 192.168.1.5
RB(config)#ip route 192.168.30.0 255.255.255.0 192.168.1.5
RB(config)#ip route 192.168.1.0 255.255.255.252 192.168.1.5

10）测试，PCA、PCB、PCC 与 FTP 服务器互相 ping 通。

任务小结

本任务通过配置静态路由的方法实现企业内部网络互通。

通过学习本任务，应该掌握静态路由的配置方法，并能够根据拓扑结构灵活地使用默认路由来简化配置。

任务 2 动态路由 RIP 实现

任务分析

任务 1 中使用的是静态路由技术，但是当网络规模增大时，配置静态路由的工作复杂度大大提高。本任务探讨如何使用动态路由技术中的路由信息协议（Routing Information Protocol，RIP）达到网络互通的目的。

必备知识

1. 动态路由协议分类

动态路由不像静态路由需要网络管理员手工配置告诉路由器目的网段如何走。动态路由通过网络中所有路由器都开启路由协议。启动路由协议后，路由器互相交换消息，一般分成 4 个过程：邻居发现、路由交换、路由计算和路由维护、自动学习建立路由表。

在同一个公共路由策略和管理下的网络集合叫作自治系统。它可以是一个大学、一个大型公司或一个园区网。根据是否在同一个自治系统来进行分类，可以分成内部网关协议（IGP）和外部网关协议（EGP）。内部网关协议常用的有 OSPF、RIP、EIGRP、IS-IS 等；外部网关协议有 BGP。

根据自动生成路由表中路径的计算方法可以分成距离矢量路由协议和链路状态路由协议。

1）距离矢量路由协议采用距离矢量路由算法，该算法形象的比喻是"靠口口相传"来计算路由距离。路由器不知道整个网络的拓扑，它只知道与它直接相连接的局部路由信息，通过发送本地的路由信息给相邻的路由器这种方法，一级一级传递下去，直到全网同步。这种算法简单，但是收敛速度较慢，不太适合大型网络，而且距离矢量路由协议有一个致命的缺陷就是路由环路。路由环路指数据包在网络中传递绕圈，始终不传到目的地，耗费大量资源。因此，距离矢量路由协议需要设置很多机制来避免这个问题。

2）链路状态路由协议采用 Dijkstra 的最短路径优先（SPF）算法，该算法比距离矢量算法复杂。它通过构造一张网络拓扑地图（全局信息）来计算最短路径，因此更为可靠。这种算法每台路由器需要维护一个区域的"地图"，因此对于设备的性能要求更高，耗费的内存更多。但是，它收敛速度快，而且在区域中没有路由环路的产生。链路状态路由协议适合大中型网络的路由计算。

距离矢量路由协议和链路状态路由协议可以用一个较为形象的实例来解释。外地游客从扬州火车站到瘦西湖去玩，可以通过向路人问路的方式（类似于距离矢量），也可以通过手机百度地图的方式（类似于链路状态）。

2. RIP 原理

RIP 是距离矢量路由协议，使用跳数来计算路径距离。与路由器直接相连的网段跳数为 0，通过一个路由器到达的紧邻的网络跳数为 1，以此类推跳数加 1，直到跳数加到 16，认为该网络不可达，因此有效的跳数范围是整数 0 ~ 15。可以看出 RIP 路由的网络直径最长只有 15 跳，所以只适合小型网络。

3 台路由器相连，共计 4 个网段，如图 5-8 所示。分析 RA 路由器路由表，其中 10.1.0.0 和 10.2.0.0 是直接相连的网段，因此跳数为 0；10.3.0.0 经过一跳路由器 RB，因此跳数为 1；10.4.0.0 经过 RB、RC 两跳，因此跳数为 2。图 5-8 是网络稳定状态，路由表正确收敛。

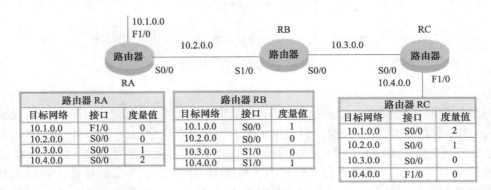

图 5-8　RIP 路由表

RIP 有两个版本，RIPv1 和 RIPv2。RIPv1 交换消息的报文是广播包，地址是 255.255.255.255，它是有类路由协议，路由更新时不发送子网掩码。RIPv2 交换消息的报文是组播报文，地址是 224.0.0.9，它是无类路由协议，支持可变长子网掩码。

3．有类路由协议和无类路由协议

1）有类路由协议在进行路由信息传递时，它不传送路由的子网掩码，路由器按照标准 A、B、C 等 IP 地址主类进行汇总处理，但是在同一个主类网络里是能够区分具体的子网掩码的。172.16.2.0 网段传递时，不带路由子网掩码，当传到 RB 时，由于 RB 左接口所在的网段是 172.16.1.0/24，和收到的 172.16.2.0 属于同一个 B 类主类 172.16.0.0/16，所以把自己接口上的子网掩码借给 172.16.2.0 来用。因此，在 RB 路由表中 172.16.2.0 的子网掩码还是 24，但是当该路由传递到 RC 时，RC 上没有同样的主类接口，就在 RC 路由表中给它填入 172.16.0.0/16 主类的子网掩码，如图 5-9 所示。同样反过来，192.168.5.16 传递到 RA 时，由于 RA 没有同样主类的接口存在，所以也只能给它填入 C 类地址默认的子网掩码 24。

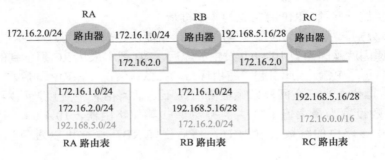

图 5-9　有类路由传递

2）无类路由协议在进行路由信息传递时，由于是包含子网掩码信息的，所以不存在像上述这样复杂的过程，直接收到信息填入路由表就行了，如图 5-10 所示。

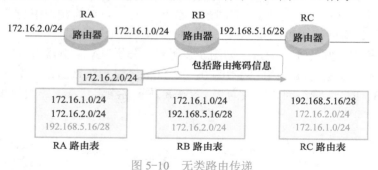

图 5-10 无类路由传递

4．RIP 环路问题

距离矢量路由协议有一个致命的缺陷是路由环路。当 RC 相连的 10.4.0.0 网段突然发生故障，RC 路由表该表项撤销，但是 RB 中的 10.4.0.0 表项传到 RC 后，RC 会认为学习到一条经过 RB 到达 10.4.0.0 的路由，因此填入路由表，并把跳数加为 2，如图 5-11 所示。从拓扑图上可以看出，根本不存在经过 RB 到达 10.4.0.0 的新路由，这是一条路由环路。如果路由表中有路由环路，则信息就会循环往复不断传递，但是永远到达不了目的地。譬如图 5-11 中要去目的地 10.4.0.0 网段的数据包就会在 RB 和 RC 间出现死循环。

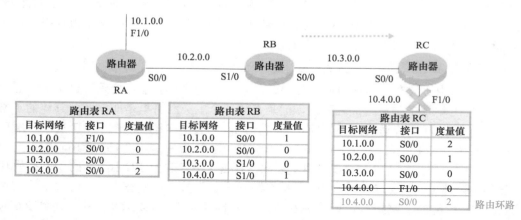

图 5-11 RIP 路由环路

如何避免这一问题，RIP 有常见的 4 个机制。

1）水平分割。从一个邻居那学到的路由，不能反过来再告诉这个邻居。图 5-11 中引起路由环路的原因就是因为当 10.4.0.0 发生故障后，RB 把本来从 RC 那学到的 10.4.0.0 那条路由又反过来告诉了 RC，因此引起了路由环路。在默认情况下，RIP 开启水平分割。

2）路由毒化。当一个网段发生故障时，不是从路由表中直接把该网段删除，而是把该网段的跳数设置为最大值 16，并且立刻通知其他路由器。10.4.0.0 网络发生故障，此时把 RC 表中该路由的跳数设置为 16，然后告知 RB，这样可以避免形成路由环路，如图 5-12 所示。

3）触发更新。当路由表某网段发生变化，立刻通知发送路由更新报文给其他路由器，而不是等待 30s 的更新周期。例如图 5-12 10.4.0.0 发生故障，毒化路由抢先在 RB 发送给

RC 路由信息前，立即由 RC 发送给 RB，这样可以避免路由环路。

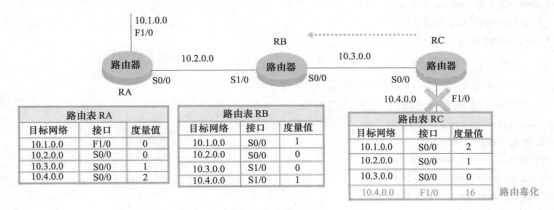

图 5-12 路由毒化

4）抑制时间。一条路由发生故障时，在一段时间内不再接收关于这条路由的更新信息，因为在这段时间往往路由更新的信息是不正确的。譬如 10.4.0.0 发生故障，RC 在一定时间内不接收 RB 发给它的关于 10.4.0.0 的路由的更新消息，这样可以有效地避免路由环路产生，提高网络稳定性。

任务实施

继续使用任务 1 中静态路由实施图 5-7，用动态路由协议 RIPv2 来完成。

【环境准备】

4 台计算机，1 台二层交换机，1 台三层交换机，2 台路由器，8 根网线，1 根 Console 配置线（也可以用思科模拟器完成）。

【思科关键命令提示】

1）启动 RIP 进程，指定版本号，并宣告直连网段。network 命令有两个功能：一是宣告哪些直连网段；二是哪些端口收发 RIP 报文。network 命令后面指定宣告的网段，可以是接口的 IP 网络地址，也可以根据实际情况作调整。譬如，network 0.0.0.0 命令用来在所有端口上使能 RIP。

Router(config)# router rip
Router(config-router)# version {1|2}
Router(config-router)# network network-number

2）关闭自动路由汇总。自动路由汇总是指把在同一个主类网段内的各个子类网段汇总变成一条路由，可以减少路由表条目和减少路由更新流量。RIPv1 和 RIPv2 都支持自动路由汇总并且是默认开启，但 RIPv1 不支持关闭，而 RIPv2 可以关闭。

Router(config-router)# no auto-summary

3）关闭水平分割。RIP 路由默认自动开启水平分割，但在某些特殊情况下，如多点帧中继网络中，应关闭水平分割，否则同一接口映射的多个路由器不能交换路由。

Router(config)#interface interface-number
Router(config-if)#no ip split-horizon

4）查看调试命令。

Router# show ip protocols // 查看路由协议
Router# show ip router // 查看路由表
Router# debug ip rip // 调试 RIP 路由消息

【任务完成步骤提示】

1）参照 5.1.3 任务实施完成步骤 1）～6）。
2）在 S3 三层交换机上配置动态路由。

S3(config)# router rip
S3(config-router)# version 2
S3(config-router)# network 192.168.10.0
S3(config-router)# network 192.168.20.0
S3(config-router)# network 192.168.30.0
S3(config-router)# network 192.168.1.0
S3(config-router)# no auto-summary

3）在 RA 路由器上配置动态路由。

RA(config)# router rip
RA(config)# version 2
RA(config)# network 192.168.1.0
RA(config)# no auto-summary

4）在 RB 路由器上配置动态路由。

RB(config)# router rip
RB(config)# version 2
RB(config)# network 192.168.1.0
RB(config)# no auto-summary

5）测试，PCA、PCB、PCC 与 FTP 服务器互相 ping 通。

任务小结

本任务通过配置动态路由 RIPv2 的方法实现企业内部网络互通。

通过学习本任务，掌握动态路由 RIPv2 的配置方法，重点掌握 network 的使用方法。

任务 3 动态路由 OSPF 实现

任务分析

任务 2 中使用的是 RIPv2 动态路由技术，但是当网络规模进一步增大时，RIPv2 并不合适。RIP 使用跳数来衡量路径距离，显然不能选到最优路径，且最大跳数只有 16，本身协议算法的收敛速度又慢，造成了 RIP 不适合大规模网络。本任务探讨如何使用 OSPF 动态路由协议达到任务目标。

必备知识

1. OSPF 路由协议原理

开放最短路径优先（Open Shortest Path First，OSPF）协议是由互联网工程任务组（IETF）开发的链路状态路由协议。OSPF 协议工作在网络层，封装在 IP 包中，它的协议号是 89。

OSPF 协议工作过程主要是 4 个阶段：寻找邻居、建立邻接关系、链路状态信息传递和计算路由。OSPF 路由器周期性地发送 Hello 包，组播地址是 224.0.0.5。每一台路由器都有唯一的 Router ID，根据这个标识路由器之间发现邻居。各个邻居之间需要选举一台指定路由器（Designated Router，DR），DR 负责管理路由器之间交互链路信息。例如，班级所有同学的手机校准时间，如果不选一个核心手机，而是任何两台手机进行校准，则会造成复杂混乱的现象。同时为了防止 DR 失效造成的混乱，还要选一台备份指定路由器（Backup Designated Router，BDR）。除了 DR 和 BDR，其他所有路由器为 DRother。所有的 DRother 和 DR、BDR 之间建立邻接关系，互相之间同步链路状态信息，同步一张"地图"。根据这张地图，使用 SPF 算法，计算到达目的地的最短路径。这里要指出，OSPF 算法不是用跳数来衡量链路的度量值，而是用链路带宽，由 100/带宽（单位为 Mbit/s）计算得到的。

2. OSPF 层次化设计

OSPF 是链路状态路由协议，因此它需要维护一张"地图"，但网络规模很大时，这张地图会非常庞大，给路由器进行 OSPF 计算带来巨大压力。为缓解压力减小路由表，防止路由信息大量泛洪，加快收敛速度，OSPF 采用分区域来管理的方法。每个区域负责各自区域的"精确地图"，然后将一个区域的路由信息简化和汇总之后转发到另外一个区域。

区域 0 是骨干区域，区域 1 是非骨干区域，连接两个区域的路由器是区域边界路由器（ABR），所有非骨干区域与骨干区域直接相连，如图 5-13 所示。注意，OSPF 的区域边界在路由器上，ABR 既属于区域 0，又属于其相连的非骨干区域。当某台路由器连接其他外网自治系统时，这台路由器属于自治系统边界路由器（ASBR）。

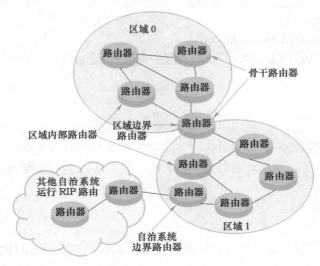

图 5-13　OSPF 层次化设计

任务实施

继续使用任务 1 中静态路由实施图 5-7，用动态路由协议 OSPF 来完成。

【环境准备】

4 台计算机，1 台二层交换机，1 台三层交换机，2 台路由器，8 根网线，1 根 Console 配置线（也可以用思科模拟器完成）。

【思科关键命令提示】

1）启动 OSPF 进程，并宣告直连网段。注意指定区域，特别是区域边界路由器，一个端口连接骨干区域，另一个端口连接非骨干区域。

Router(config)# router ospf process-id
Router(config-router)# version {1|2}
Router(config-router)# network network-number wildcard-mask area area-id

2）查看调试命令。

Router# show ip ospf // 验证 OSPF 的配置
Router#(config-router)# clear ip route *// 清除路由表信息
Router(config-router)# debug ip OSPF // 调试 OSPF 消息

【任务完成步骤提示】

1）参照本项目任务 1 任务实施完成步骤 1）～ 6）。
2）在 S3 三层交换机上配置动态路由。

S3(config)# router ospf 1
S3(config-router)# network 192.168.0.0 0.0.255.255 area 0

3）在 RA 路由器上配置动态路由。

RA(config)# router ospf 1
RA(config)# network 192.168.1.0 0.0.0.255 area 0

4）在 RB 路由器上配置动态路由。

RB(config)# router ospf 1
RB(config)# network 192.168.1.0 0.0.0.255 area 0

5）测试，PCA、PCB、PCC 与 FTP 服务器互相 ping 通。

任务小结

本任务通过配置动态路由 OSPF 的方法实现企业内部网络互通。

通过学习本任务，掌握动态路由 OSPF 的配置方法，重点掌握 network 的使用方法。

触类旁通

本任务同样可以用 H3C 等其他厂商的设备来完成。下面给出 H3C 设备的命令提示，提供拓展学习。

【H3C 设备关键命令提示】

1）配置静态路由，指定下一跳地址或本地出端口。

[Router]ip route-static dest-address { mask | mask-length } {gateway-address | interface-type interface-name } [preference preference-value]

2）配置默认路由，指定下一跳地址或本地出端口。

[Router]ip route-static 0.0.0.0 0.0.0.0 {gateway-address | interface-type interface-name } [preference preference-value]

3）配置 RIP 进程，关闭路由汇总和水平分割。

[Router] rip [process-id]
[Router-rip-1] network network-address
[Router-rip-1] version {1|2}
[Router-rip-1] undo summary
[Router]interface interface-number
[Router-Ethernet1/0/1]undo rip split-horizon

4）配置 OSPF 进程，并宣告直连网段。

[Router] ospf [process-id]
[Router-ospf-1]area area-id
[Router-ospf-1-area-0.0.0.0]network network-address wildcard-mask

习题

1. 单选题

1）在路由器上设置了以下三条路由：① ip route 0.0.0.0 0.0.0.0 192.168.10.1；② ip route 10.10.10.0 255.255.255.0 192.168.11.1；③ ip route 10.10.0.0 255.255.0.0 192.168.12.1。请问当这台路由器收到源地址为 10.10.10.1 数据包时，它应该被转发给哪个下一跳地址？（　　）。

  A．192.168.10.1　　　　　　　　B．192.168.11.1
  C．192.168.12.1　　　　　　　　D．路由设置错误，无法判断

2）直连路由的优先级为（　　）。

  A．0　　　　B．1　　　　C．60　　　　D．100

3）在 RIP 路由中设置管理距离是衡量一个路由可信度的等级，用户可以通过定义管理距离来区别不同（　　）来源。路由器总是挑选具有最低管理距离的路由。

  A．拓扑信息　　　　　　　　　　B．路由信息
  C．网络结构信息　　　　　　　　D．数据交换信息

2. 不定项选题

1）下列哪些是路由协议？（　　）

  A．IP　　　　B．IPX　　　　C．RIPv1　　　　D．RIPv2
  E．OSPF

2）对在下面所示的路由条目中各部分叙述正确的是（　　）。

  R　172.16.8.0 [120/4] via 172.16.7.9, 00:00:23, Serial0

  A．R 表示该路由条目的来源是 RIP

B. 172.16.8.0 表示目标网段或子网
C. 172.16.7.9 表示该路由条目的下一跳地址
D. 00:00:23 表示该路由条目的老化时间

3）关于管理距离的说法正确的是（　　　）。
A. 管理距离是 IP 路由协议中选择路径的方法
B. 管理距离越大表示路由信息源的可信度越高
C. 手工输入的路由条目优于动态学习的
D. 度量值算法复杂的路由选择协议优于度量值算法简单的路由选择协议

3. 简答题

1）请讲述静态路由的配置方法和过程。
2）请讲述 RIPv1 和 RIPv2 之间的区别。

项目 6 连接驻外机构

职业能力目标

- 能使用 PPP 专线实现与驻外机构的互联。
- 能使用帧中继多路复用技术实现与驻外机构的互联。
- 能够选择合适的链路协议,实现与驻外机构的互联,并满足链路的安全要求。

项目情境

贯穿项目中的任务描述:总公司和分公司之间采用广域网线路连接。

具体项目情境通过小王与客户李总的一段对话来分析。

李总:"总公司在泰州,因为业务需要,在靖江建立了一家分公司,为了便于管理,总公司决定和分公司之间采用广域网线路连接。"

小王:"好的,李总。"

任务 1 专线 PPP 连接

任务分析

局域网相对只能在一定距离内实现,当项目情境中描述要在泰州市区和靖江之间建立连接,相隔几十千米,这时需要用广域网技术来实现。

必备知识

1. 广域网连接方式

广域网主要研究的是 OSI 模型中物理层和数据链路层,是 TCP/IP 模型中的网络接口层。常用的连接方式分成以下 3 种。

(1)专线 从客户端到运营商单独租用一条专线,客户独占一条永久的固定线路,单独享有固定的带宽资源。

（2）电路交换　从客户端到运营商每次使用链路发生数据交互时，都按需建立、维持和终止一条专用的线路。

（3）分组交换　也称为包交换技术，客户的传输数据被分成分组或者称为包，发送到运营商的设备，运营商设备根据这些分组的地址信息将分组发送到目的地。

2．DCE/DTE 物理端口

DCE 和 DTE 是针对广域网的串行端口，DCE 为串行通信提供时钟频率。对于标准的串行端口，通常从外观就能判断是 DTE 还是 DCE。DTE 是针头（俗称公头），DCE 是孔头（俗称母头），这样两种接口才能接在一起。

3．广域网数据链路层协议

（1）HDLC 协议　高级数据链路控制（High-Level Data Link Control，HDLC）协议是面向比特的运行在同步串行线路上的数据链路层协议。

（2）PPP　点对点协议（Point to Point Protocol，PPP）是目前最流行的数据链路层协议。主要是用来通过拨号或专线方式建立点对点连接发送数据，链路提供全双工操作，并按照顺序传递数据包。

（3）帧中继协议　帧中继（Frame Relay，FR）是分组通信的一种形式，它面向连接没有内在纠错机制，具有低网络时延、低设备费用、高带宽利用率等优点。

4．点到点协议

（1）PPP 特性

1）可以工作在同步或异步方式下。

2）能够控制数据链路的建立。

3）允许同时采用多种网络层协议。

4）可以对网络层地址进行协商，能够远程分配 IP 地址。

5）能够支持身份验证功能。

6）能进行差错检测。

（2）PPP 组成　PPP 主要由 LCP、NCP 以及用于网络安全的可选验证协议族组成，如图 6-1 所示。链路控制协议（LCP）用来控制链路启动、测试、任选的协商及关闭。网络控制协议（NCP）用来建立和配置不同的网络层协议，如 IP、IPX 等。

图 6-1　PPP 组成

（3）PPP 会话建立　PPP 会话建立分成三个过程：链路建立阶段、链路验证阶段、链路协商阶段。

1）链路建立阶段：当物理层可用时，设备发送 LCP 报文，协商确定 PPP 通信的参数：身份验证、链路捆绑、最大传输单元、压缩等。如果协商成功，则底层链路建立成功。

2）链路验证阶段：根据前一阶段的协商决定是否进行链路验证。PPP 提供了两种可选的身份验证方式：密码验证协议（Password Authentication Protocol，PAP）和询问握手验证协议（Challenge Handshake Authentication Protocol，CHAP）。

3）链路协商阶段：链路验证通过后（或者选择不需要验证），设备发送 NCP 报文，协商配置网络层协议及相应的网络层地址。

（4）PPP 帧格式（见图 6-2）

| 标志 F | 地址 A
(8bit) | 控制 C
(8bit) | 协议 P
(16bit 或 8bit) | 信息 I
不超过 1500B | 帧校验 FCS
(16bit) | 标志 F |

图 6-2　PPP 帧格式

标志 F：固定 01111110，标志帧的起始。
地址 A：一般设置为 11111111。
控制 C：默认情况是 00000011，表示是无序号的帧，没有采用序列号来进行可靠传输。
协议 P：包括 LCP 和支持不同网络层协议的 NCP。
信息 I：信息部分的长度是可变的，不超过 1500B。
帧校验 FCS：校验是否有错误。

（5）PAP 验证

PAP 验证是两次握手，验证过程如图 6-3 所示。首先被验证方明文发送用户名和密码给到验证方。验证方查找本地数据库进行认证，如果正确则返回接受，如果错误则拒绝。PAP 验证可以一方进行单向验证，也可以双方双向验证，图 6-3 为单向验证。PAP 的缺陷是以明文方式发送用户名和密码，明文不安全。

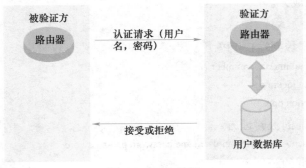

图 6-3　PAP 验证

（6）CHAP 验证

CHAP 验证是三次握手，验证过程如图 6-4 所示。验证方首先发送询问报文和用户名。被验证方根据用户名在本地数据库中查找到对应的密码，用密码把询问报文进行加密生成一个摘要，然后发送给验证方。验证方用本地保存的密码也同样加密询问报文与收到的摘要相比较，如果相同，则向被验证方发送通过验证信息；如果不同，则发送拒绝通过信息。CHAP 验证同样可以是单向验证，也可以双方双向验证，图 6-4 为单向验证。

图 6-4 CHAP 验证

任务实施

模拟某企业网络总公司与分公司广域网连接的拓扑结构,在路由器 RA 和 RB 的 F0/0 端口下连接 PCA 与 PCB,用于后续测试,如图 6-5 所示。请实现总公司与分公司 PPP 广域网连接,并分别采用 PAP 和 CHAP 验证。

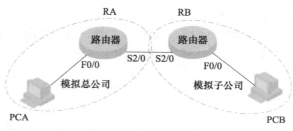

图 6-5 PPP 广域网连接

【环境准备】

2 台计算机,2 台路由器,2 根网线,1 对 DCE/DTE V35 线缆,1 根 Console 配置线(也可以用思科模拟器完成)。

【思科关键命令提示】

1)封装路由器广域网端口 PPP。

Router(config)#interface serial interface-number
Router(config-if)#clock rate clockrate
Router(config-if)#encapsulation ppp

2)配置 PAP 验证的被验证方。

Router(config-if)# ppp pap sent-username pap-username password pap-password

3)配置 PAP 验证的验证方。

Router(config)# username pap-username password pap-password
Router(config)#interface serial interface-number
Router(config-if)# ppp authentication pap

4)配置 CHAP 验证的验证方。注意配置的用户名是对端的用户名,密码双方一致。

Router(config)# username chap-username password chap-password
Router(config)#interface serial interface-number
Router(config-if)# ppp authentication chap

5）配置 CHAP 验证的被验证方。注意配置的用户名是对端的用户名，密码双方一致。
Router(config)# username chap-username password chap-password

【任务完成步骤提示】

1）路由器 RA 封装 PPP，并配置成 PAP 验证的主验证方。
Router(config)#hostname ra
ra(config)# username **userhr** password **123456**
ra(config)#interface serial 2/0
ra(config-if)#clock rate 64000
ra(config-if)#encapsulation ppp
ra(config-if)#ip address 10.1.1.1 255.255.255.252
ra(config-if)#ppp authentication pap

2）路由器 RB 封装 PPP，并配置成 PAP 验证的被验证方。
Router(config)#hostname rb
rb(config)# interface serial 2/0
rb(config-if)# encapsulation ppp
rb(config-if)# ip address 10.1.1.2 255.255.255.252
rb(config-if)# ppp pap sent-username **userhr** password **123456**

3）路由器 RA 和 RB 开启端口完成验证。
ra(config)# interface serial 2/0
ra(config-if)# no shutdown
rb(config)# interface serial 2/0
rb(config-if)# no shutdown

4）配置 PCA 地址（10.1.1.5/24，网关 10.1.1.6/24），PCB 地址（10.1.1.9/24，网关 10.1.1.10/24）。配置静态或动态路由，测试 ping 通。

5）路由器 RA 封装 PPP，并配置成 CHAP 验证的主验证方。
Router(config)#hostname ra
ra(config)# username **rb** password **123**
ra(config)#interface serial 2/0
ra(config-if)#clock rate 64000
ra(config-if)#encapsulation ppp
ra(config-if)#ip address 10.1.1.1 255.255.255.252
ra(config-if)#ppp authentication chap

6）路由器 RB 封装 PPP，并配置成 CHAP 验证的被验证方。
Router(config)#hostname rb
rb(config)# username **ra** password **123**
rb(config)# interface serial 2/0
rb(config-if)# encapsulation ppp
rb(config-if)# ip address 10.1.1.2 255.255.255.252

7）路由器 RA 和 RB 开启端口完成验证。
ra(config)# interface serial 2/0
ra(config-if)# no shutdown
rb(config)# interface serial 2/0
rb(config-if)# no shutdown

8）配置 PCA 地址（10.1.1.5/24，网关 10.1.1.6/24），PCB 地址（10.1.1.9/24，网关 10.1.1.10/24）。配置静态或动态路由，测试 ping 通。

任务小结

本任务通过配置 PPP 广域网连接的方法实现企业总公司和分公司网络互通。

通过学习本任务，掌握广域网端口的配置方法，重点掌握 PAP 和 CHAP 的验证方法。

任务 2 多路复用帧中继连接

任务分析

PPP 连接是广域网连接方式中的一种，本项目还可以采用多路复用技术帧中继来实现。帧中继具有网络资源利用率高、吞吐量高、延时低等特点。

必备知识

1. 帧中继原理

帧中继工作在数据链路层。图 6-6 所示为一个典型的帧中继网络拓扑。R1、R2 和 R3 通过 DTE 端口连接运营商帧中继交换机的 DCE 端口。不像 PPP，一条链路只能一对用户连接，帧中继网络中 R1 虽然只有一条链路通向帧中继交换机，但是它可以建立两条永久虚电路（PVC）分别连接 R2 和 R3。为了区分两条虚电路，可以使用数据链路连接标识（Data Link Connection Identifier，DLCI）。DLCI 本地有效，对于 R1 设备，DLCI 102 标记通往 R2，DLCI 103 标记通往 R3。DLCI 201 则是配置在 R2 上，标记通往 R1。

帧中继是多路复用网络，但是帧中继虚链路 PVC 是点对点的，默认不支持广播，所以帧中继网络也称为非广播、多路访问（Non-Broadcast Multiple Access，NBMA）网络。

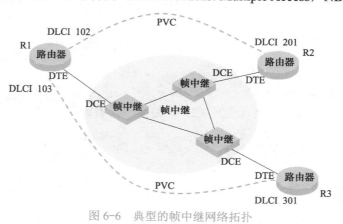

图 6-6 典型的帧中继网络拓扑

2. 帧中继网络拓扑

帧中继网络拓扑根据其 PVC 的连接情况，一般分成三种：全互联、部分互联、星形互联，如图 6-7 所示。

(1) 全互联拓扑　所有用户设备都与其他用户设备相连，建立 $n(n-1)/2$ 条 PVC。因此，当网络设备较多时，PVC 数量较多，维护较困难。

(2) 部分互联拓扑　顾名思义，不是所有设备都与其他设备 PVC 互联。

(3) 星形互联　所有设备都与一个中心设备互联，这种情况 PVC 连接数较少。但是有一个问题，如果中心设备出现故障，则网络全部瘫痪。

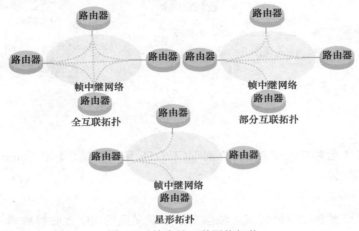

图 6-7　帧中继三种网络拓扑

3．帧中继接口类型

用户设备方一般配置成 DTE 接口，帧中继运营商提供方连接用户的接口一般设置为 DCE，而帧中继交换机之间通过 NNI 接口互相连接。

4．LMI 协议标准

本地管理接口（LMI）协议用来管理物理层用户设备 DTE 到运营商 DCE 之间的连接，一般分成三种：Cisco 非标准兼容协议、ITU-T 和 ANSI。注意，如果在多厂商设备之间进行连接，则要将两端的设备 LMI 协议类型修改一致，不然无法建立连接。

5．帧中继地址映射

帧中继地址映射是帧中继帧格式中需要封装的信息，通过这个信息使得设备能够进行寻址，类似于以太网帧格式中的 MAC 地址，如图 6-8 所示。这里的地址映射指的是对端的 IP 地址和本地的 DLCI 进行绑定。地址映射有两种方法：一是通过管理员手工静态配置；二是通过反向地址解析协议（Inverse Address Resolution Protocol，IARP）动态维护。

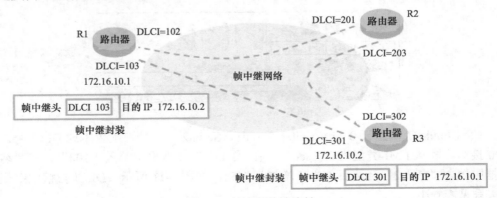

图 6-8　帧中继地址映射

任务实施

模拟某企业网络总公司与两家分公司广域网连接的拓扑结构,总公司为 R1,分公司为 R2、R3。请实现总公司与分公司帧中继广域网星形连接,如图 6-9 所示。

图 6-9 帧中继广域网星形连接

【环境准备】

3 台计算机,1 台帧中继交换机,3 对 DCE/DTE V35 线缆,1 根 Console 配置线(也可以用思科模拟器完成)。

【思科关键命令提示】

1)广域网端口封装帧中继协议,注意在帧中继交换机端配置时钟频率。

Router(config)#interface serial interface-number
Router(config-if)#clock rate clockrate
Route(config-if)# rencapsulation frame-relay

2)配置静态地址映射,注意是本地 DLCI 与对端 IP 地址做映射。

Router(config-if)# frame-relay map ip ip-address dici-number

3)根据 IARP,配置动态地址映射。

Router(config)# frame-relay interface-dlci dici-number

4)配置 LMI 协议类型,如果是同一厂商,则不需要修改 LMI 协议类型,采用默认类型。

Route(config-if)#frame-relay lmi-type　{ansi| cisco| q933a}

【任务完成步骤提示】

1)连接设备线缆,注意帧中继交换机端为 DCE,R1、R2 和 R3 为 DTE。

2)此处给出思科模拟器 Cisco Packet Tracer 配置帧中继交换机的步骤,新增加广域网设备 Cloud-PT 网络云 0,如图 6-10 所示。

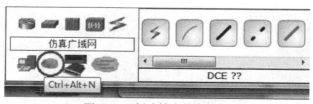

图 6-10 创建帧中继交换机

3)给 Cloud-PT 网络云 0 的 Serial0、Serial1、Serial2 三个端口配置本地 DLCI 号。例如 Serial0 接口,默认 LMI 类型为"Cisco",在"DLCI"文本框中填入"102",在"名称"文本框中填入"r1tor2",然后单击"增加"按钮,如图 6-11 所示。DLCI 与帧中继交换机对应关系见表 6-1。

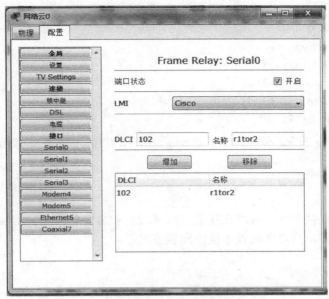

图 6-11 配置帧中继交换机 DLCI 号

表 6-1 DLCI 与帧中继交换机对应关系

接口	DLCI	名称	LMI 默认
Serial0	102	r1tor2	Cisco
Serial0	103	r1tor3	Cisco
Serial1	201	r2tor1	Cisco
Serial2	301	r3tor1	Cisco

4）配置 Cloud-PT 网络云 0 内部虚电路。建立两条 PVC：一条是 Serial0 r1tor2 对应 Serial1 r2tor1；另一条是 Serial0 r1tor3 对应 Serial2 r3tor1，如图 6-12 所示。

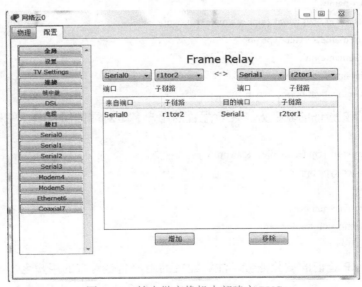

图 6-12 帧中继交换机内部建立 PVC

5）配置 R1 路由器，封装帧中继协议，配置地址映射。
r1(config)#interface serial 2/0
r1(config-if)#encapsulation frame-relay
r1(config-if)#ip address 1.1.1.1 255.255.255.0
r1(config-if)#frame-relay map ip 1.1.1.2 102
r1(config-if)#frame-relay map ip 1.1.1.3 103
r1(config-if)#no shutdown

6）在 R1 上 ping 通 R2 和 R3，R2 上 ping 通 R1，R3ping 通 R1，测试成功。

任务小结

本任务通过配置帧中继广域网连接的方法实现企业总公司和分公司网络互通。
通过学习本任务，重点掌握帧中继的配置方法。

触类旁通

本任务同样可以用 H3C 等其他厂商的设备来完成。下面给出 H3C 设备的命令提示，提供拓展学习。

【H3C 设备关键命令提示】

1）封装路由器广域网端口 PPP。
[Router]interface serial interface-number
[Router-Serial1/0]link-protocol ppp

2）配置 PAP 验证的被验证方。
[Router-Serial1/0] ppp pap local-user username password {simple|cipher}password

3）配置 PAP 验证的验证方。
[Router] local-user user-name
[Router-config-luser-username]password {cipher|simple}password
[Router-config-luser-username]service-type ppp
[Router-config-luser-username]quit
[Router] interface serial interface-number
[Router-Serial1/0]ppp authentication-mode pap

4）配置 CHAP 验证的验证方。注意配置的用户名是对端的用户名，密码双方一致。
[ra] local-user rb
[ra-config-luser-rb]password {cipher|simple}password
[ra-config-luser-rb]service-type ppp
[ra-config-luser-rb]quit
[ra] interface serial interface-number
[ra-Serial1/0]ppp authentication-mode chap
[ra-Serial1/0] ppp chap user ra

5）配置 CHAP 验证的被验证方。注意配置的用户名是对端的用户名，密码双方一致。
[rb] local-user ra

```
[rb-config-luser-ra]password {cipher|simple}password
[rb-config-luser-ra]service-type ppp
[rb-config-luser-ra]quit
[rb] interface serial interface-number
[rb-Serial1/0] ppp chap user rb
```

6）广域网端口封装帧中继协议。注意在帧中继交换机端配置时钟频率。其中，nonstandard 关键字声明该映射采用非标准兼容的封装格式；ietf 关键字表示采用 IETF 封装格式。默认为 IETF。

```
[Router]interface serial interface-number
[Router-Serial1/0]link-protocol fr [ietf|nonstandard]
```

7）配置静态地址映射，注意是本地 DLCI 与对端 IP 地址做映射。Broadcast 关键字表示此映射下是否可以发送广播报文；默认情况下接口上没有配置任何映射。

```
[Router-Serial1/0]fr map ip {ip-address [mask]|default} dlci-number [broadcast | [nonstandard | ietf ]]
```

8）根据 IARP，配置动态地址映射。

```
[Router-Serial1/0] fr dlci dlci-number
```

9）配置 LMI 协议类型，如果是同一厂商，则不需要修改 LMI 协议类型，采用默认类型。华三默认为 Q933-A。

```
[Router-Serial1/0]fr limi type {ansi | nonstandard | q933a}
```

10）配置帧中继接口类型。

```
[Router-Serial1/0] fr interface-type {dce | dte |nni}
```

 习题

1. 单选题

1）以下哪种是包交换协议？（   ）
   A. ISDN   B. 帧中继
   C. PPP   D. HDLC

2）帧中继交换机之间连接的接口为（   ）。
   A. DCE   B. DTE
   C. NNI   D. RJ45

3）以下关于星形网络拓扑结构的描述正确的是（   ）。
   A. 在星形拓扑中，某条线路的故障不影响其他线路下的计算机通信
   B. 星形拓扑具有很高的健壮性，不存在单点故障的问题
   C. 由于星形拓扑结构的网络是共享总线带宽，当网络负载过重时会导致性能下降
   D. 以上都不正确

2. 不定项选题

1）当两台路由器通过 V35 线点对点连接，配置好启用 ping 来测试直连的对端接口，

发现不通，请问可能是哪种故障？（　　　）
  A．线路物理故障　　　　　　　B．DCE 端未设置时钟频率
  C．二者封装协议不匹配　　　　D．设置访问列表禁止了 ICMP
2）PPP 支持哪些网络层协议？（　　　）
  A．IP　　　　　　　　　　　　B．IPX
  C．RIP　　　　　　　　　　　 D．FTP
3）下列哪些属于分组交换广域网接入技术的协议？（　　　）
  A．Frame-Relay　　　　　　　 B．ISDN
  C．X.25　　　　　　　　　　　D．DDN
  E．ADSL

3．简答题

1）请简述 CHAP 的验证过程。

2）广域网中三种链路类型是什么？分别有什么特点？

项目 7 设置网络访问控制

职业能力目标

- 能够配置标准访问控制列表。
- 能够配置扩展访问控制列表。
- 能够根据具体应用场合,选择合适的访问控制列表进行配置。

项目情境

贯穿项目中的任务描述:根据要求,对公司网络进行访问控制。

具体项目情境通过小王与客户李总的一段对话来分析。

李总:"增强网络的安全性,不允许特定部门上外网,并且考虑财务部安全性,不允许其他网段访问财务部 FTP 服务器。"

小王:"好的,李总。"

任务 1 配置对源 IP 的访问控制

任务分析

要增强网络的安全性,需要网络设备能识别数据,根据数据的 IP 地址、端口号、MAC 地址等信息进行甄别后做相应处理。

本任务首先完成"不允许特定部门上外网"这个需求。如何区分特定部门?由于每个部门的网段地址不同,所以甄别数据包需要匹配 IP 地址段。

必备知识

1. 访问控制列表应用场合

访问控制列表(Access Control List,ACL)是指定访问规则,网络设备根据规则来匹配数据的技术。它在网络安全控制方面的应用场合有很多。

（1）包过滤防火墙　包过滤功能通过配置 ACL 来允许或拒绝特定的数据包。譬如，"不允许特定部门上外网"就可以通过包过滤防火墙，筛选出该部门的数据包后拒绝其流出。

（2）网络地址转换（Network Address Translation，NAT）　由于 IPv4 地址短缺问题，不可能给每一个内网用户都申请一个公网地址。因此，使用 NAT 技术可以将多个内网地址映射成一个公网地址。但把哪些内网地址选出来，就需要用到 ACL 技术来进行匹配。详细讲解见项目 8。

（3）服务质量（Quality of Service，QoS）　网络服务不再是简单将数据传送出去，而是能够结合 ACL 技术将各类数据包配置优先级，根据优先级的高低来保障带宽和误码率等服务质量。

（4）路由策略　在运行动态路由协议的路由器间，互相依靠传递消息来学习路由信息。使用 ACL 技术可以配置路由策略，使得路由器屏蔽掉一些路由。这个和包过滤技术不同，路由策略使得路由器直接学不到特定路由，路由表中缺失特定网段，而包过滤技术路由器路由还是学到的，只是在流入流出网络设备接口时被允许或丢弃。

（5）Internet 协议安全性（IPSec）　它是一种加密技术，可以保证发送方和接收方保密而安全的通信。使用 ACL 技术能够对不同的数据流施加不同的安全保护。

以上只是列出其常用的一些场景，ACL 技术的应用非常广泛。

2．访问控制列表包过滤防火墙工作原理

访问控制列表包过滤防火墙是绑定在设备接口上的，每个接口有 In 和 Out 两个方向，In 表示数据包流入接口的时候检查，Out 表示数据包流出接口的时候检查。

在路由器接口 1 的入（In）方向绑定了一个包过滤防火墙 1，在接口 2 的出（Out）方向也绑定了一个包过滤防火墙 2，如图 7-1 所示。

当数据从接口 1 流入，首先让接口 1 入（In）方向绑定的包过滤防火墙过滤，然后检查路由表进行路由转发。如果这时根据路由转发到接口 3，因为接口 3 出（Out）方向没有绑定包过滤防火墙，所以直接流出；如果根据路由表转发到接口 2，因为接口 2 上出（Out）方向绑定了包过滤防火墙 2，所以必须经过该防火墙过滤后才能流出。

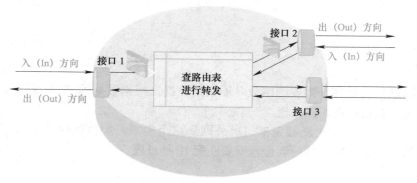

图 7-1　包过滤防火墙工作原理示意图

3．访问控制列表匹配流程

访问控制列表是由一条条顺序排列的规则组成的。进行包过滤检查时，是自上而下一条一条顺序检查（这里要指出，H3C 设备可以设置更改顺序检查还是深度优先检查），如果检查到其中一条匹配，则立即跳转执行允许或者拒绝，不再向下检查其他规则，如图 7-2 所示。需要特别提醒的是，一般网络设备厂商遵循"一切未被允许就是禁止"，因此在包过滤访问控制列表中不需要用户设置，最后默认都有一条拒绝所有的规则（这里要指出，H3C 设备可以设置更改最后一条隐含规则是拒绝所有还是允许所有）。

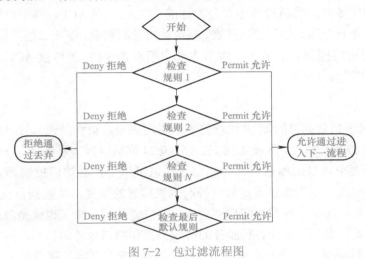

图 7-2　包过滤流程图

4．反掩码（通配符掩码）

反掩码和子网掩码一样，也是由 0 和 1 组成的 32 位比特数，也可以用十进制点分法来表示。反掩码的 0 表示必须检查，1 表示忽略检查。

如图 7-3 所示，"192.168.1.2 0.0.255.255"描述的 ACL 地址范围，数据包地址是 192.168.2.3。由于前两个字节是全 0，表示要全部检查是否匹配，后两个字节是全 1，表示忽略检查。因此，该数据包 192.168.2.3 匹配该反掩码标记的地址范围。而"192.168.1.2 0.0.0.255"描述的是 ACL 地址范围，则数据包 192.168.2.3 不匹配，因为第三个字节一个是"1"，另一个是"2"。反掩码地址匹配举例见表 7-1。

```
192 . 168 .  1  .  2
  0 .   0 .255 .255

192 . 168 .  2  .  3
```

图 7-3　反掩码匹配举例

表 7-1　反掩码地址匹配举例

基于 ACL 的包过滤防火墙		匹配的 IP 地址范围
IP 地 址	反 掩 码	
10.10.10.5	0.0.0.3	10.10.10.4/30
10.10.10.5	0.0.0.255	10.10.10.0/24
10.10.10.5	0.0.3.255	10.10.8.0/22
10.10.10.5	0.255.255.255	10.0.0.0/8
10.10.10.5	0.0.0.0	10.10.10.5
10.10.10.5	255.255.255.255	0.0.0.0/0（任何 IP 地址）
10.10.10.5	0.0.2.255	10.10.8.0/24 和 10.10.10.0/24

5．访问控制列表分类

对于访问控制列表的分类，各个网络设备厂商不完全相同。

根据过滤的包地址格式不同，可以分成 IPv4 ACL 和 IPv6 ACL，本书中 ACL 均指 IPv4。

根据配置的方法不同分为编号法 ACL 和命名法 ACL。

根据规则判定条件，思科设备主要分为标准 ACL、扩展 ACL、基于时间的访问控制列表等，而 H3C 设备分为基本访问控制列表、高级访问控制列表、基于二层的访问控制列表等。比较多家厂商的访问控制列表分类，本书主要讲解标准 ACL 和扩展 ACL（分别对应 H3C 的基本 ACL 和高级 ACL）。

6．标准 ACL

标准 ACL 只根据数据包的源 IP 地址信息来制定规则，也就是说只管"你从哪儿来"。

要求不能让 172.16.2.0/24 网段访问 172.16.4.0/24 网段（PC2 不能访问 PC3），如图 7-4 所示。实现这个要求可以用标准访问控制列表，也可以用扩展访问控制列表。如果用标准访问控制列表来实现，则考虑包过滤访问控制列表放置的位置，从数据包流向看，可以有 4 个接口安放。但是，如果用标准访问控制列表，它只管从哪儿来（也就是源地址），不管你去哪儿（目的地址）去干什么（各种服务的协议类型和端口号等信息）。如果把基于标准访问控制列表的包过滤绑定在 RA 路由器的 F1/0 端口的流入方向，则会带来问题，使得 PC2 访问其他网段的信息也出不去，譬如 PC2 要访问 PC4，会被只管"你从哪儿来"的标准访问控制列表拦下来。同样原因，该包过滤访问控制列表不能绑定在 RA 路由器的 S2/0 端口、RB 路由器的 S2/0 端口。因此，该标准访问控制列表只能绑定在 RB 路由器的 F0/0 端口的流出方向，在该端口流出之前检查是否来自 172.16.2.0/24 网段的数据，如果是则拦截丢弃，该端口离目标地址最近。

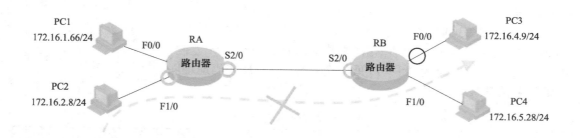

图 7-4　标准访问控制列表举例

任务实施

模拟企业网络简化后的拓扑情况，如图 7-5 所示。路由器 RB 模拟互联网，公司内部网络分成 4 个 VLAN，分别配置 4 个网段的 IP 地址。配置标准访问控制列表使得特定部门 VLAN20 不能访问互联网。经分析，该标准访问控制列表应绑定在 RA 的 S2/0 端口。

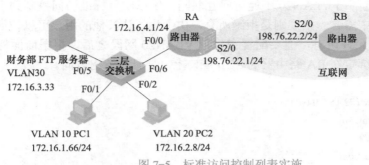

图 7-5 标准访问控制列表实施

【环境准备】

3 台计算机，1 台三层交换机，2 台路由器，1 对 DCE/DTE V35 线缆，1 根 Console 配置线（也可以用思科模拟器完成）。

【思科关键命令提示】

1）定义标准访问控制列表可以用编号法或者命名法配置。

编号法：

Router(config)# access-list <1-99> {permit|deny} source-ip [wild-card] | any

命名法：

Router(config)# ip access-list standard name
Router(config-std-nacl)#{permit|deny} source-ip [wild-card] | any

2）绑定访问控制列表到端口上，同时设置流入或流出，默认是流出。

Router(config-if)#ip access-group {<1-99> | name }{ in | out }

【任务完成步骤提示】

1）根据拓扑结构规划 IP 地址，具体地址见表 7-2。

表 7-2 IP 地址规划

设 备 名	端口或 VLAN	规 划 地 址
S3	VLAN 10	172.16.1.254/24
	VLAN 20	172.16.2.254/24
	VLAN 30	172.16.3.254/24
	VLAN 40	172.16.4. 2/24
RA	F0/0	172.16.4.1/24
	S2/0	198.76.22.1/24
RB	S2/0	198.76.22.2/24
PC1	地址：172.16.1.66/24	网关：172.16.1.254/24
PC2	地址：172.16.2.8/24	网关：172.16.2.254/24
FTP	地址：172.16.3.33/24	网关：172.16.3.254/24

2）配置三层交换机，创建 VLAN10、20、30、40，创建相应的虚拟接口配置网关地址，把 F0/1、F0/2、F0/5、F0/8 放入相应的 VLAN 中。

3）配置路由器 RA 和 RB 的 IP 地址，激活端口。

4）配置三层交换机的默认路由，RA 的三条静态路由，RB 的默认路由。

5）由于要让特定部门 VLAN20 不能访问互联网，所以配置标准访问控制列表。特别提醒，在访问控制列表中隐含一条规则是拒绝所有，由于为了让其他的用户可以访问互联网，所以要设置一条规则允许所有，但要配置在拒绝 VLAN20 网段之后。根据前面标准访问控制列表的分析，只能绑定在 RA 路由器的 S2/0 端口上，并且是流出方向。

编号法：
ra(config)# access-list 1 deny 172.16.2.0 0.0.0.255
ra(config)# access-list 1 permit any
ra(config)# interface serial 2/0
ra(config-if)#ip access-group 1 out

命名法：
ra(config)# ip access-list standard denyvlan20
ra(config-std-nacl)#deny 172.16.2.0 0.0.0.255
ra(config-std-nacl)#permit any
ra(config)# interface serial 2/0
ra(config-if)#ip access-group denyvlan20 out

6）按 IP 地址规划，配置 3 台计算机的 IP 地址。
7）测试，PC2 ping 不通 RB 的 S2/0 端口，PC1 可以 ping 通。

任务小结

本任务通过配置标准访问控制列表包过滤的方法实现特定部门不能访问外网的要求。
通过学习本任务，重点解决标准访问控制列表的顺序以及接口绑定、流入流出的选择问题。

任务 2　配置对网络服务的访问控制

任务分析

李总的要求完成了一部分，还需要完成"并且考虑财务部安全性，不允许其他网段访问财务部 FTP 服务器"。从要求中可以看出，这是要控制"去哪儿，干什么"，因此需要用扩展访问控制列表来实现。

必备知识

1. 扩展 ACL

扩展 ACL 根据数据包的源 IP 地址、目的 IP 地址、协议类型、端口号等信息来制定规则，也就是说要"管你从哪儿来，到哪儿去，干什么？"

要求不能让 172.16.2.0/24 网段访问 IP 地址为 172.16.4.9/24 的 Web 服务器，这个要求只能用扩展访问控制列表来实现，如图 7-6 所示。此时再来考虑绑定在 RA 的 F1/0、S2/0 和 RB 的 S2/0、F0/0 4 个端口中的哪一个。由于该扩展访问控制列表规定了"从哪儿来，到哪儿去，干什么？"（从 172.16.2.0/24 网段来，到 172.16.4.9 去，访问 Web 服务器），所以 4 个接口都可以绑定，只是要注意数据包的流向，不会误拦截其他无辜的数据包。但是，仔细比较一下，既然要拦截 172.16.2.0/24 网段访问 IP 地址为 172.16.4.9/24 的 Web 服务器，为了节省网络资源，肯定是越早拦截越好，因此把该访问控制列表绑定在 RA 的 F1/0 端口最合适，该端口离源地址最近。

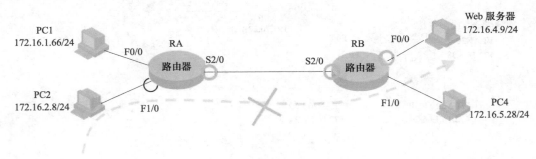

图 7-6 扩展访问控制列表举例

2．访问控制列表配置"六大军规"

军规 1：访问控制列表的规则执行是从上至下，逐条匹配的，一旦匹配，立即执行。

注释：大多数网络厂商默认情况下，都是根据规则的制定顺序来进行逐一检查匹配的，如果匹配成功那么就不再向下检查，因此规则的配置顺序非常重要。

军规 2：访问控制列表存在隐含规则为拒绝所有。

注释：访问控制列表的最后一条默认规则是"拒绝所有"，因此配置的时候没有配置允许的都会拒绝。

军规 3：访问控制列表在包过滤应用中，必须在端口下调用才生效。

注释：访问控制列表配置好后，本身不会产生任何效果，只有当它被具体应用后，才能起到作用。

军规 4：访问控制列表某条规则一旦出错必须先删除，后重新配置所有规则。

注释：访问控制列表如果配置错误，继续在后面打补丁进行修改，很容易混淆配置顺序。因此，需要先解除在端口上的应用，然后整个删除该访问列表后，重新开始配置。

军规 5：标准访问控制列表尽量在靠近目标地址的端口上调用（特殊情况除外）。

注释：一般情况下，由于标准访问控制列表筛选条件只包含源 IP 地址，为了避免过滤掉一些允许的访问操作，所以尽量靠近目标地址（详细解释见项目 7 任务 1 中的标准 ACL 讲解）。

军规 6：扩展访问控制列表尽量在靠近源地址的端口上调用（特殊情况除外）。

注释：一般情况下，扩展访问控制列表判断条件描述很具体，因此尽量在数据包出发最近的端口进行绑定，可以避免大量无用数据占用网络资源（详细解释见项目 7 任务 2 中的扩展 ACL 讲解）。

任务实施

模拟企业网络简化后的拓扑情况，如图 7-7 所示。路由器 RB 模拟互联网，公司内部网络分成 4 个 VLAN，分别配置 4 个网段的 IP 地址。配置扩展访问控制列表使得其他网段的用户不能访问财务部 FTP 服务器。该扩展访问控制列表由于源地址是任何网段，所以是上述"六大军规"中的特殊情况，需要绑定在离目标地址最近的端口，即三层交换机 SVI（int vlan 30）流出（out）方向上。

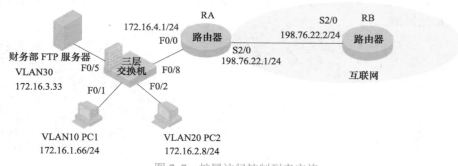

图 7-7　扩展访问控制列表实施

【环境准备】

3 台计算机，1 台三层交换机，2 台路由器，1 对 DCE/DTE V35 线缆，1 根 Console 配置线（也可以用思科模拟器完成）。

【思科关键命令提示】

1）定义扩展访问控制列表可以用编号法或者命名法配置。

编号法：

Router(config)# access-list <100-199> { permit /deny } protocol source-address wildcard [source-port] destination-address wildcard [destination-port]

命名法：

Router(config)# ip access-list extended name

Router(config-std-nacl)#{permit|deny} protocol source-address wildcard [source-port] destination-address wildcard [destination-port]

2）绑定访问控制列表到端口上，同时设置流入或流出，默认是流出。

Router(config-if)#ip access-group {<100-199> | name }{ in | out }

【任务完成步骤提示】

1）根据拓扑结构规划 IP 地址，具体地址如任务 1 中地址规划表。

2）配置三层交换机，创建 VLAN10、20、30、40，创建相应的虚拟接口配置网关地址，把 F0/1、F0/2、F0/5、F0/8 放入相应的 VLAN 中。

3）配置路由器 RA 和 RB 的 IP 地址，激活端口。

4）配置三层交换机的默认路由，RA 的三条静态路由，RB 的默认路由。

5）要让"不允许其他网段访问财务部 FTP 服务器"，配置扩展访问控制列表。特别提醒，在访问控制列表中隐含一条规则是拒绝所有，由于为了让其他的用户可以访问互联网，所以要设置一条规则允许所有，但要配置在拒绝其他网段访问 FTP 服务器之后。根据前面标准访问控制列表的分析，只能绑定在三层交换机 SVI（int vlan 30）流出方向上。

编号法：

s3(config)# access-list 100 deny tcp any host 172.16.3.33 eq 20

s3(config)# access-list 100 deny tcp any host 172.16.3.33 eq 21

```
s3(config)# access-list 100 permit ip any any
s3(config)# int vlan 30
s3(config-if)# ip access-group 1 out
```
命名法：
```
s3 (config)# ip access-list extended denyftp
s3 (config-std-nacl)# deny tcp any host 172.16.3.33 eq 20
s3 (config-std-nacl)# deny tcp any host 172.16.3.33 eq 21
s3 (config-std-nacl)# permit ip any any
s3(config)# int vlan 30
s3(config-if)# ip access-group 1 out
```

6）按 IP 地址规划，配置 3 台计算机的 IP 地址，配置 FTP 服务器。

7）测试，所有其他网段都不可以访问 FTP 服务器的 FTP 服务。

任务小结

本任务通过配置扩展访问控制列表包过滤的方法实现不允许其他网段访问财务部 FTP 服务器的要求。

通过学习本任务，重点解决扩展访问控制列表的顺序以及端口绑定、流入流出的选择问题。

触类旁通

本任务同样可以用 H3C 等其他厂商的设备来完成。下面给出 H3C 设备的命令提示，提供拓展学习。

【H3C 设备关键命令提示】

1）启动包过滤防火墙。
`[sysname] firewall enable`

2）设置包过滤防火墙的默认规则。
`[sysname] firewall default {permit | deny}`

3）命令配置 ACL 的匹配顺序。

config：按用户配置的顺序进行匹配（与思科、锐捷等设备厂商一致，自上而下）。

auto：按"深度优先"的顺序进行匹配。

默认是 config。

`[sysname]acl number acl-number [match-order {auto | config}]`

4）配置基本 ACL。
`[sysname] acl number <2000-2999> |acl-name`
`[sysname-acl-basic-2000]rule [rule-id] {deny | permit} source [source-address sour-wildcard | any]`

5）配置高级 ACL。
`[sysname] acl number<3000-3999> |acl-name`
`[sysname-acl-adv-2000]rule [rule-id] {deny | permit} protocol source [source-address source-wildcard | any] source-port destination [destination-address destination-wildcard | any] destination-port`

6）在端口上应用。
`[sysname-Serial1/0]] firewall packet-filter {acl-number | name acl-name} {inbound | outbound}`

习题

1. 单选题

1) 下列哪些访问列表范围符合 IP 范围的扩展访问控制列表？（　　）
  A．1～99　　　　B．100～199　　　　C．800～899　　　　D．900～999

2) 配置了访问列表如下所示：access-list 101 permit 192.168.0.0 0.0.0.255 10.0.0.0 0.255.255.255 最后默认的规则是什么？（　　）
  A．允许所有的数据包通过　　　　B．仅允许到 10.0.0.0 的数据包通过
  C．拒绝所有数据包通过　　　　　D．仅允许到 192.168.0.0 的数据包通过

3) 在访问列表中，有一条规则如下：access-list 131 permit ip any 192.168.10.0 0.0.0.255 eq ftp 在该规则中，any 的意思是（　　）。
  A．检查源地址的所有 bit 位　　　B．检查目的地址的所有 bit 位
  C．允许所有的源地址　　　　　　D．允许 255.255.255.255 0.0.0.0

4) 配置一个标准的访问控制列表，只允许所有源自 B 类地址：172.16.0.0 的 IP 数据包通过，那么 wildcard access-list mask 采用以下哪个是正确的？（　　）
  A．255.255.0.0　　　　　　　　B．255.255.255.0
  C．0.0.255.255　　　　　　　　D．0.255.255.255

2. 不定项选题

1) 在路由器上面有以下一些配置，答案正确的是（　　）
access-list 1 permit 192.168.1.32 0.0.0.224
interface fasterethnet0 ip access-group 1 out
  A．源地址为 192.168.1.42 的数据包允许进入局域网 f0 内
  B．源地址为 192.168.1.42 的数据包不允许进入局域网 f0 内
  C．源地址为 192.168.1.72 的数据包允许进入局域网 f0 内
  D．源地址为 192.168.1.72 的数据包不允许进入局域网 f0 内

2) 要达到目标是"允许所有的 TCP 服务除了 FTP 以外"。配置如下：
access-list 101 permit tcp any any
access-list 101 deny tcp any any eq 0
access-list 101 deny tcp any any eq 1
并应用在路由器出口上。请问根据以上配置哪项叙述是正确的？（　　）
  A．禁止内网向外网进行 FTP　　　B．允许所有的 TCP 服务
  C．允许所有的 UDP 服务　　　　D．允许内网用户访问 Internet 浏览网页

3. 简答题

1) 在做 ACL 实验时，VLAN10 连接客户端（客户端所在网段是 192.168.1.0/24），VLAN100 连接外网，配置了以下规则：
ip access-list extended abc
deny 192.168.1.0 0.0.0.255 192.168.100.5 0.0.0.0 eq 80
interface vlan 100
ip access-group abc in
请分析所配置 ACL 的问题及解决方法。

2) 请总结配置 ACL 时的注意事项。

项目 8 连接互联网

职业能力目标

- 能够配置静态地址映射,实现从外网访问内网服务器。
- 能够配置动态地址映射,实现内网主机访问外网。

项目情境

贯穿项目中的任务描述:在公网 IP 紧张的情况下实现全公司都能上网,并设立公司网站服务器,提供外网用户访问。

具体项目情境通过小王与客户李总的一段对话来分析。

李总:"设立公司网站服务器,提供外网用户访问。全公司有 200 多人,要全公司都能上外网。"

小王:"好的,李总。"

任务 1 配置静态地址映射实现外网用户访问内网服务器

任务分析

由于 IPv4 地址位数是 32 位,所以理论上可以支持最多 2^{32} 个用户,将近 40 亿个。根据 RFC 1918 中的规定,IPv4 地址中有三段地址作为内部私有地址不能在公网上使用:10.0.0.0/8 (10.0.0.0 ~ 10.255.255.255)、172.16.0.0/12 (172.16.0.0 ~ 172.31.255.255) 和 192.168.0.0/16 (192.168.0.0 ~ 192.168.255.255)。其他的单播地址都是公有地址,但是必须由互联网数字分配机构 (IANA) 统一分配。未经注册的地址不能在互联网上使用。

因此,在 IP 地址如此短缺的情况下,公司组网时,企业内部不可能给每个用户注册一个公网地址,只能在内部使用私有地址或者未经注册的公网地址。但当公司内网要连接外网时,这些私有地址和未经注册的公网地址显然不可以正常上外网,这时就需要有种技术把内部私有地址或者未经注册的公有地址转化为注册过的公网地址。

这种转换技术叫作 NAT 技术。本次任务首先实现李总的第一句话"设立公司网站服务器，提供外网用户访问。"

必备知识

1．NAT 技术概述

网络地址转换（Network Address Translation，NAT）是 1994 年提出的，这种技术通过使用少量的公有 IP 地址代替较多的内网 IP 地址的方式，可以减缓可用的 IP 地址空间枯竭的问题。

图 8-1 描述了 NAT 技术的应用。公司内网的地址空间是私有地址 172.16.0.0/24，互联网公网使用公网注册的 IP 地址空间。为了让内网与外网的用户能够连接，在交界处部署了一台 NAT 路由器，负责两个地址空间的转换。在 NAT 路由器上一般会设置一个地址池，存放公网的 IP 地址，当内网的用户需要去公网时，做一个内部地址和公网地址的地址映射。

NAT 技术就是将网络地址从一个地址空间转换到另一个地址空间的行为。

图 8-1　NAT 技术示意图

2．NAT 技术分类

1）按照分类方式的不同，NAT 技术可以分为静态地址映射和动态地址映射两种。

静态地址映射是指"固定的"一个公网地址对应一个内部私有地址的对应关系。当然可以是"IP 地址"的一一对应，也可以是"IP 地址＋端口号"的一一对应。一般可以实现外部网络对内部网络中某些特定设备（如服务器）的访问。作为内网服务器转换后的公网地址及端口号不能经常发生改变，外网用户访问时才能稳定快捷。

动态地址映射是指内网地址转换为公网地址时是按需分配，随机不确定的。往往这种情况，在 NAT 设备上需要存放一个地址池，把可以转换的公网地址存放在地址池里。当内网用户需要去外网时，在 NAT 设备的地址池中取一个公网地址来进行地址映射，不使用时该公网地址会释放，给后面的用户使用。

2）NAT 技术还可以分为 Basic NAT 和 NAPT 两种。

Basic NAT 是指一个内网地址只能对应一个公网地址，是一对一的关系。这种地址映射只转换 IP 地址，不转换端口号。这种技术并不能缓解 IPv4 地址紧张的问题，但可以隐藏内部地址提高安全性。

网络端口地址转换（Network Address Port Translation，NAPT）也称为端口地址转换（Port Address Translations，PAT），是指将多个内部地址映射为一个合法公网地址。转换关系为"内部地址＋内部端口"与"外部地址＋外部端口"之间的转换。由于端口号的范围是从 0～65535，所以可以实现多个内网 IP 地址对应一个公网 IP 的可能，缓解了 IPv4 地址紧张的问题。目前这种技术在实际应用中最为广泛。

3. 静态地址映射工作原理

内网 WWW 服务器由端口 8080 提供 Web 服务，如图 8-2 所示。在 RA 上配置静态映射地址表，"172.16.1.1：8080 对应 198.76.22.11：80"。因此，当 PCA 要访问内网 Web 服务器时，数据包的源地址是 198.76.23.5，源端口号为 1033，目的地址是 198.76.22.11，目的端口号是 80；当数据包到达路由器 RA 时，经过静态地址映射转换，数据包的目的地址替换为 172.16.1.1，目的端口号为 8080，因此可以找到内网服务器。内网服务器返回数据的过程类似，只是这时替换的是源地址和源端口号。

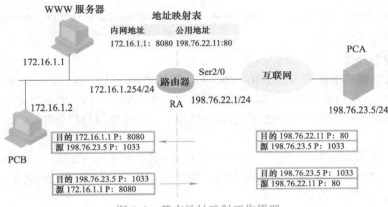

图 8-2　静态地址映射工作原理

任务实施

模拟企业网与公网连接拓扑图，如图 8-3 所示。WWW 服务器对外提供 Web 服务，PCA 模拟内部用户，PCB 模拟外部用户，RA 路由器模拟出口路由并兼任 NAT 设备。

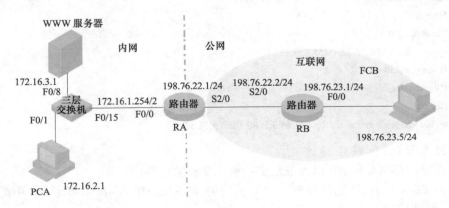

图 8-3　静态地址转换任务实施

【环境准备】

2 台计算机，1 台 Web 服务器，1 台三层交换机，2 台路由器，1 对 DCE/DTE V35 线缆，4 根网线，1 根 Console 配置线（也可以用思科模拟器完成）。

【思科关键命令提示】

1）定义 NAT 设备的内网接口和外网接口。

Router(config)#interface serial interface-number
Router(config-if)# ip nat outside
Router(config)#interface serial interface-number
Router(config-if)# ip nat inside

2）建立静态 NAT 映射。

Router(config)#ip nat inside source static inside-address outside-address

3）建立静态 NAPT 映射（NAPT 和 NAT 根据实际情况选择，两者差别在于是否进行端口转换）。

Router(config)# ip nat inside source static {tcp|udp} inside-address inside-port outside-address outside-port

【任务完成步骤提示】

1）连接设备线缆。

2）在三层交换机上配置 VLAN10、20、30，把 F0/1 端口放入 VLAN10，把 F0/8 端口放入 VLAN20，把 F0/15 端口放入 VLAN30。创建虚拟接口 INT VLAN 10（IP 地址是 172.16.2.254），创建虚拟接口 INT VLAN 20（IP 地址是 172.16.3.254），创建虚拟接口 INT VLAN 30（IP 地址是 172.16.1.253）。

3）配置服务器 WWW 服务器（172.16.3.1，网关：172.16.3.254）、PCA（172.16.2.1，网关：172.16.2.254）、PCB（198.76.23.5，网关：198.76.23.1）的 IP 地址及网关。配置 WWW 服务器，端口号为 80。

4）在路由器 RA 上配置 IP 地址和静态 NAPT。

Router(config)#hostname ra
ra(config)#interface fastEthernet 0/0
ra(config-if)#ip address 172.16.1.254 255.255.255.0
ra(config-if)#no shutdown
ra(config-if)#ip nat inside
ra(config-if)#exit
ra(config)#int serial 2/0
ra(config-if)#ip address 198.76.22.1 255.255.255.0
ra(config-if)#no shutdown
ra(config-if)#ip nat outside
ra(config-if)#exit
ra(config)#ip nat inside source static tcp 172.16.3.1 80 198.76.22.3 80

5）路由器 RB 配置 IP 地址。

6）在路由器 RA 和 RB 以及三层交换机上配置缺省路由。

7）在 PCB 的 IE 浏览器中输入"http://198.76.22.3:80"，显示步骤 3）中配置的服务器首页，测试成功。

任务小结

本任务通过配置静态 NAPT 的方法实现外网用户通过公网地址访问公司内网服务器。通过学习本任务，重点掌握静态地址映射技术的配置方法和适用场合。

任务 2　配置动态地址映射实现内网用户访问互联网

任务分析

李总的另一个需求是"全公司有 200 多人，要全公司都能上外网。"由于 IPv4 地址紧缺，不可能注册 200 多个公网 IP 地址，所以根据任务 1 中 NAT 技术分类，可以得知需要选择动态 NAPT 技术才能实现多个内网地址使用一个公网地址的目标。

必备知识

动态 NAPT 技术工作原理

在 NAT 设备上配置地址池 198.76.22.11～20，如图 8-4 所示。当内网用户 PCA 要访问外网服务器 198.76.23.5:80 时，数据包的源地址是 172.16.1.1，源端口号为 1024，目的地址是 198.76.23.5，目的端口号是 80；当数据包到达路由器时，经过 NAPT 地址映射，数据包的目的地址不变，源地址替换为 198.76.22.11，源端口号为 2001，因此可以在公网上传播，到达外网服务器。外网服务器返回数据的过程类似，只是这时替换的是目的地址和目的端口号。由于转换带上了端口，可以从图中地址映射表看出，PCA 和 PCB 在进行地址转换时，可以实现多对一，即 172.16.1.1 和 172.16.1.2 都对应 198.76.22.11，这样就达到了节约公网 IP 地址的目的，缓解了 IPv4 地址紧张的问题。

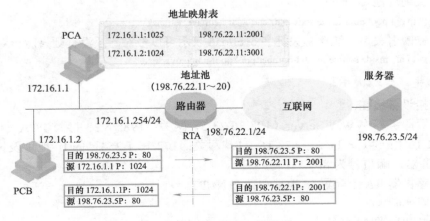

图 8-4　NAPT 技术工作原理

任务实施

模拟企业网与公网连接拓扑图,如图 8-5 所示。公网上服务器 WWW 服务器提供 Web 服务,PCA、PCB 模拟内部用户,RA 路由器模拟出口路由并兼任 NAT 设备。内部用户通过 NAPT 转换访问公网服务器 WWW 服务器。

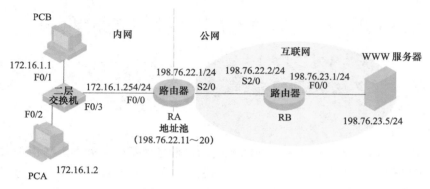

图 8-5 动态地址转换任务实施

【环境准备】

2 台计算机,1 台 Web 服务器,1 台二层交换机,2 台路由器,1 对 DCE/DTE V35 线缆,4 根网线,1 根 Console 配置线(也可以用思科模拟器完成)。

【思科关键命令提示】

1)定义 NAT 设备的内网接口和外网接口。

Router(config)#interface serial interface-number
Router(config-if)# ip nat outside
Router(config)#interface serial interface-number
Router(config-if)# ip nat inside

2)定义内部本地地址范围。

Router(config)# access-list {acl-number1~99} {permit|deny} source{sour-addr sour-wildcard | any |host sour-addr}

3)定义地址池。

Router(config)# ip nat pool pool-name start-addr end-addr netmask netmask

4)建立映射关系,注意有关键字 overload 表示可以多对一,没有则只能一对一。

Router(config)# ip nat inside source list acl-number pool pool-name overload

【任务完成步骤提示】

1)连接设备线缆。

2)配置服务器 WWW Server(198.76.23.5,网关:198.76.23.1)、PCA(172.16.1.2,网关:172.16.1.254)、PCB(172.16.1.1,网关:172.16.1.254)的 IP 地址及网关。配置 WWW 服务器,端口号为 80。

3)在路由器 RA 上配置 IP 地址和动态 NAPT。

Router(config)#hostname ra
ra(config)#interface fastEthernet 0/0

ra(config-if)#ip address 172.16.1.254 255.255.255.0
ra(config-if)#no shutdown
ra(config-if)#ip nat inside
ra(config-if)#exit
ra(config)#int serial 2/0
ra(config-if)#ip address 198.76.22.1 255.255.255.0
ra(config-if)#no shutdown
ra(config-if)#ip nat outside
ra(config-if)#exit
ra(config)# access-list 1 permit 172.16.1.0 0.0.0.255
ra(config)# ip nat pool abc 198.76.22.11 198.76.22.20 netmask 255.255.255.0
ra(config)# ip nat inside source list 1 pool abc overload

4）在路由器 RA 和 RB 上配置默认路由。

5）在 PCB 的 IE 浏览器中输入 "http://198.76.22.3:80"，在 PCA 的 IE 浏览器中输入 "http://198.76.22.3:80"。在 RA 路由器上查看地址转换映射表，验证是否已经成功进行地址转换。
ra# show ip nat translations

任务小结

本任务通过配置动态 NAPT 的方法实现内网用户通过 NAT 设备转换成公网地址访问外网服务器。

通过学习本任务，重点掌握动态地址映射技术的配置方法和适用场合。

 触类旁通

本任务同样可以用 H3C 等其他厂商的设备来完成。下面给出 H3C 设备的命令提示，提供拓展学习。

【H3C 设备关键命令提示】

1）H3C 设备静态地址转换配置（NAT Server）。
[Router]interface serial interface-number
[Router-Serial1/0]nat server protocol pro-type global global-addr[global-port] inside host-addr [host-port]

2）H3C 设备 NAPT 动态地址转换配置。
[Router]acl number acl-number
[Router-acl-basic-acl-number]rule rule-number permit source source-addr sour-wildcard
[Router]nat address-group group-number start-addr end-addr
[Router]interface serial interface-number
[Router-Serial1/0]nat outbound acl-number address-group group-number

习题

1．单选题

1）ip access-group {number} in 这句话表示（　　）。

A. 指定接口上使其对输入该接口的数据流进行接入控制
B. 取消指定接口上使其对输入该接口的数据流进行接入控制
C. 指定接口上使其对输出该接口的数据流进行接入控制
D. 取消指定接口上使其对输出该接口的数据流进行接入控制

2）在 NAT 配置中，如果在定义地址映射的语句中含有 overload，则表示（　　）。
  A. 配置需要重启才能生效　　　　B. 启用 NAPT
  C. 启用动态 NAT　　　　　　　　D. 无意义

3）以下不属于私有地址的是（　　）。
  A. 10.0.0.0～10.255.255.255　　　B. 10.0.0.0～10.128.255.255
  C. 192.168.0.0～192.168.255.255　　D. 172.16.0.0～172.31.255.255

2．不定项选题

1）NAT/NAPT 带来的好处有（　　）。
  A. 解决 IPv4 地址空间不足的问题
  B. 私有 IP 地址网络与公网互联
  C. 网络改造中，避免更改地址带来的风险
  D. TCP 流量的负载均衡

2）NAPT 主要对数据包的（　　）信息进行转换。
  A. 数据链路层　　B. 网络层　　C. 传输层　　D. 应用层

3．简答题

1）请简要说明思科设备 NAPT 配置的步骤及注意事项。

2）请简要说明静态地址映射和动态地址映射的区别。

附 录

附录 A 任务配置图及清单

1. 部门 VLAN 划分（项目 3 任务 1）
2. 部门 VLAN 互通（项目 3 任务 2）
3. 使用生成树协议实现关键区域冗余备份（项目 4 任务 1）
4. 使用链路聚合实现关键区域冗余备份（项目 4 任务 2）
5. 静态路由实现（项目 5 任务 1）
6. 动态路由 RIP 实现（项目 5 任务 2）
7. 动态路由 OSPF 实现（项目 5 任务 3）
8. 专线 PPP 连接（项目 6 任务 1）
9. 多路复用帧中继连接（项目 6 任务 2）
10. 配置对源 IP 的访问控制（项目 7 任务 1）
11. 配置对网络服务的访问控制（项目 7 任务 2）
12. 配置静态地址映射实现外网用户访问内网服务器（项目 8 任务 1）
13. 配置动态地址映射实现内网用户访问互联网（项目 8 任务 2）

1. 部门 VLAN 划分（项目 3 任务 1）

（1）模拟器拓扑连线图（见图 A-1）

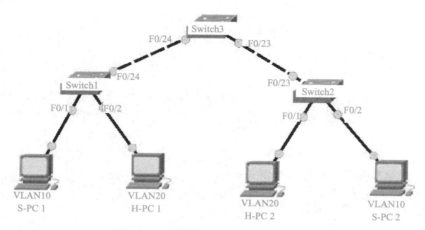

图 A-1　思科模拟器二层 VLAN 划分

（2）模拟器配置清单

Switch1： Current configuration : 1048 bytes ! version 12.1 no service timestamps log datetime msec no service timestamps debug datetime msec no service password-encryption ! **hostname Switch1** ! **interface FastEthernet0/1** 　**switchport access vlan 10** ! **interface FastEthernet0/2** 　**switchport access vlan 20** ! interface FastEthernet0/3 ! interface FastEthernet0/4 ! interface FastEthernet0/5 ! interface FastEthernet0/6 ! interface FastEthernet0/7 ! interface FastEthernet0/8 ! interface FastEthernet0/9	! interface FastEthernet0/10 ! interface FastEthernet0/11 ! interface FastEthernet0/12 ! interface FastEthernet0/13 ! interface FastEthernet0/14 ! interface FastEthernet0/15 ! interface FastEthernet0/16 ! interface FastEthernet0/17 ! interface FastEthernet0/18 ! interface FastEthernet0/19 ! interface FastEthernet0/20 ! interface FastEthernet0/21 ! interface FastEthernet0/22 ! interface FastEthernet0/23 !

(续)

interface FastEthernet0/24 switchport mode trunk ! interface Vlan1 no ip address shutdown ! line con 0 ! line vty 0 4 login line vty 5 15 login ! End **Switch2:** Current configuration : 1025 bytes ! version 12.1 no service timestamps log datetime msec no service timestamps debug datetime msec no service password-encryption ! **hostname Switch2** ! **interface FastEthernet0/1** switchport access vlan 20 ! **interface FastEthernet0/2** switchport access vlan 10 ! interface FastEthernet0/3 ! interface FastEthernet0/4 ! interface FastEthernet0/5 ! interface FastEthernet0/6 ! interface FastEthernet0/7 ! interface FastEthernet0/8 ! interface FastEthernet0/9 ! interface FastEthernet0/10 ! interface FastEthernet0/11 !	interface FastEthernet0/12 ! interface FastEthernet0/13 ! interface FastEthernet0/14 ! interface FastEthernet0/15 ! interface FastEthernet0/16 ! interface FastEthernet0/17 ! interface FastEthernet0/18 ! interface FastEthernet0/19 ! interface FastEthernet0/20 ! interface FastEthernet0/21 ! interface FastEthernet0/22 ! **interface FastEthernet0/23** **switchport mode trunk** ! interface FastEthernet0/24 ! interface Vlan1 no ip address shutdown ! line con 0 line vty 0 4 login line vty 5 15 login ! End **Switch3:** Current configuration : 994 bytes ! version 12.1 no service timestamps log datetime msec no service timestamps debug datetime msec no service password-encryption ! **hostname Switch3** ! interface FastEthernet0/1 !

（续）

interface FastEthernet0/2 ! interface FastEthernet0/3 ! interface FastEthernet0/4 ! interface FastEthernet0/5 ! interface FastEthernet0/6 ! interface FastEthernet0/7 ! interface FastEthernet0/8 ! interface FastEthernet0/9 ! interface FastEthernet0/10 ! interface FastEthernet0/11 ! interface FastEthernet0/12 ! interface FastEthernet0/13 ! interface FastEthernet0/14 ! interface FastEthernet0/15 ! interface FastEthernet0/16 !	interface FastEthernet0/17 ! interface FastEthernet0/18 ! interface FastEthernet0/19 ! interface FastEthernet0/20 ! interface FastEthernet0/21 ! interface FastEthernet0/22 ! **interface FastEthernet0/23** **switchport mode trunk** ! **interface FastEthernet0/24** **switchport mode trunk** ! interface Vlan1 no ip address shutdown ! line con 0 ! line vty 0 4 login line vty 5 15 login end

2. 部门 VLAN 互通（项目 3 任务 2）
三层交换机实现

（1）模拟器拓扑连线图（见图 A-2）

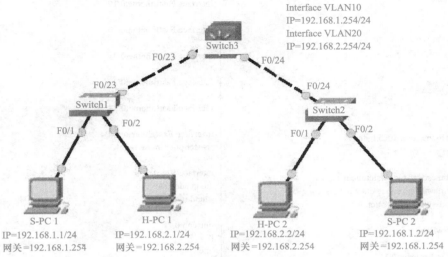

图 A-2　思科模拟器三层 SVI 互通

（2）模拟器配置清单

Switch1: Current configuration : 1025 bytes ! version 12.1 no service timestamps log datetime msec no service timestamps debug datetime msec no service password-encryption ! **hostname Switch1** ! **interface FastEthernet0/1** 　**switchport access vlan 10** ! **interface FastEthernet0/2** 　**switchport access vlan 20** ! interface FastEthernet0/3 ! interface FastEthernet0/4 ! interface FastEthernet0/5 ! interface FastEthernet0/6 ! interface FastEthernet0/7 ! interface FastEthernet0/8 ! interface FastEthernet0/9 !	interface FastEthernet0/10 ! interface FastEthernet0/11 ! interface FastEthernet0/12 ! interface FastEthernet0/13 ! interface FastEthernet0/14 ! interface FastEthernet0/15 ! interface FastEthernet0/16 ! interface FastEthernet0/17 ! interface FastEthernet0/18 ! interface FastEthernet0/19 ! interface FastEthernet0/20 ! interface FastEthernet0/21 ! interface FastEthernet0/22 ! **interface FastEthernet0/23** 　**switchport mode trunk** ! interface FastEthernet0/24 !

（续）

```
interface Vlan1
 no ip address
 shutdown
!
!
line con 0
!
line vty 0 4
 login
line vty 5 15
 login
!
End
Switch2:
Current configuration : 1025 bytes
!
version 12.1
no service timestamps log datetime msec
no service timestamps debug datetime msec
no service password-encryption
!
hostname Switch2
!
interface FastEthernet0/1
 switchport access vlan 20
!
interface FastEthernet0/2
 switchport access vlan 10
!
interface FastEthernet0/3
!
interface FastEthernet0/4
!
interface FastEthernet0/5
!
interface FastEthernet0/6
!
interface FastEthernet0/7
!
interface FastEthernet0/8
!
interface FastEthernet0/9
!
interface FastEthernet0/10
!
interface FastEthernet0/11
!
interface FastEthernet0/12
!
interface FastEthernet0/13
!
interface FastEthernet0/14
!
interface FastEthernet0/15
!
interface FastEthernet0/16
!
```

```
interface FastEthernet0/17
!
interface FastEthernet0/18
!
interface FastEthernet0/19
!
interface FastEthernet0/20
!
interface FastEthernet0/21
!
interface FastEthernet0/22
!
interface FastEthernet0/23
!
interface FastEthernet0/24
 switchport mode trunk
!
interface Vlan1
 no ip address
 shutdown
!
line con 0
!
line vty 0 4
 login
line vty 5 15
 login
!
End
Switch3:
Current configuration : 1208 bytes
!
version 12.2
no service timestamps log datetime msec
no service timestamps debug datetime msec
no service password-encryption
!
hostname Switch3
!
interface FastEthernet0/1
!
interface FastEthernet0/2
!
interface FastEthernet0/3
!
interface FastEthernet0/4
!
interface FastEthernet0/5
!
interface FastEthernet0/6
!
interface FastEthernet0/7
!
interface FastEthernet0/8
!
interface FastEthernet0/9
!
interface FastEthernet0/10
```

(续)

! interface FastEthernet0/11 ! interface FastEthernet0/12 ! interface FastEthernet0/13 ! interface FastEthernet0/14 ! interface FastEthernet0/15 ! interface FastEthernet0/16 ! interface FastEthernet0/17 ! interface FastEthernet0/18 ! interface FastEthernet0/19 ! interface FastEthernet0/20 ! interface FastEthernet0/21 ! interface FastEthernet0/22 ! **interface FastEthernet0/23** **switchport mode trunk**	! **interface FastEthernet0/24** **switchport mode trunk** ! interface GigabitEthernet0/1 ! interface GigabitEthernet0/2 ! interface Vlan1 no ip address shutdown ! **interface Vlan10** **ip address 192.168.1.254 255.255.255.0** ! **interface Vlan20** **ip address 192.168.2.254 255.255.255.0** ! ip classless ! line con 0 line vty 0 4 login ! end

单臂路由

(1) 模拟器拓扑连线图 (见图 A-3)

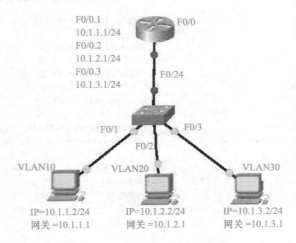

图 A-3 思科模拟器单臂路由

(2) 模拟器配置清单

路由器: Current configuration : 707 bytes ! version 12.4 no service timestamps log datetime msec	no service timestamps debug datetime msec no service password-encryption ! hostname Router !

（续）

```
interface FastEthernet0/0
 no ip address
 duplex auto
 speed auto
!
interface FastEthernet0/0.1
 encapsulation dot1Q 10
 ip address 10.1.1.1 255.255.255.0
!
interface FastEthernet0/0.2
 encapsulation dot1Q 20
 ip address 10.1.2.1 255.255.255.0
!
interface FastEthernet0/0.3
 encapsulation dot1Q 30
 ip address 10.1.3.1 255.255.255.0
!
interface FastEthernet0/1
 no ip address
 duplex auto
 speed auto
 shutdown
!
interface Vlan1
 no ip address
 shutdown
!
ip classless
!
line con 0
line vty 0 4
 login
!
End

交换机：
Building configuration...
Current configuration : 1051 bytes
!
version 12.1
no service timestamps log datetime msec
no service timestamps debug datetime msec
no service password-encryption
!
hostname Switch
!
interface FastEthernet0/1
 switchport access vlan 10
!
interface FastEthernet0/2
 switchport access vlan 20
!
interface FastEthernet0/3
 switchport access vlan 30
!
interface FastEthernet0/4
!
interface FastEthernet0/5
!
interface FastEthernet0/6
!
interface FastEthernet0/7
!
interface FastEthernet0/8
!
interface FastEthernet0/9
!
interface FastEthernet0/10
!
interface FastEthernet0/11
!
interface FastEthernet0/12
!
interface FastEthernet0/13
!
interface FastEthernet0/14
!
interface FastEthernet0/15
!
interface FastEthernet0/16
!
interface FastEthernet0/17
!
interface FastEthernet0/18
!
interface FastEthernet0/19
!
interface FastEthernet0/20
!
interface FastEthernet0/21
!
interface FastEthernet0/22
!
interface FastEthernet0/23
!
interface FastEthernet0/24
 switchport mode trunk
!
interface Vlan1
 no ip address
 shutdown
!
line con 0
!
line vty 0 4
 login
line vty 5 15
 login
!
end
```

3. 使用生成树协议实现关键区域冗余备份（项目 4 任务 1）

（1）模拟器拓扑连线图（见图 A-4）

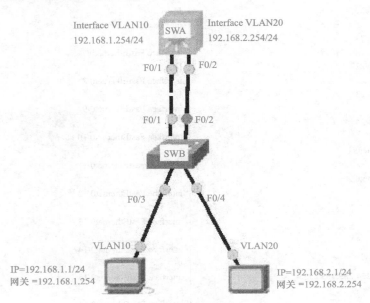

图 A-4　思科模拟器生成树协议

（2）模拟器配置清单

| SWA：
Current configuration : 1325 bytes
!
version 12.2
no service timestamps log datetime msec
no service timestamps debug datetime msec
no service password-encryption
!
hostname SWA
!
spanning-tree vlan 10,20 priority 4096
!
interface FastEthernet0/1
　switchport mode trunk
　spanning-tree vlan 10 port-priority 144
!
interface FastEthernet0/2
　switchport mode trunk
　spanning-tree vlan 20 port-priority 144
!
interface FastEthernet0/3
!
interface FastEthernet0/4
!
interface FastEthernet0/5
! | interface FastEthernet0/6
!
interface FastEthernet0/7
!
interface FastEthernet0/8
!
interface FastEthernet0/9
!
interface FastEthernet0/10
!
interface FastEthernet0/11
!
interface FastEthernet0/12
!
interface FastEthernet0/13
!
interface FastEthernet0/14
!
interface FastEthernet0/15
!
interface FastEthernet0/16
!
interface FastEthernet0/17
!
interface FastEthernet0/18
! |

（续）

interface FastEthernet0/19	!
!	interface FastEthernet0/5
interface FastEthernet0/20	!
!	interface FastEthernet0/6
interface FastEthernet0/21	!
!	interface FastEthernet0/7
interface FastEthernet0/22	!
!	interface FastEthernet0/8
interface FastEthernet0/23	!
!	interface FastEthernet0/9
interface FastEthernet0/24	!
!	interface FastEthernet0/10
interface GigabitEthernet0/1	!
!	interface FastEthernet0/11
interface GigabitEthernet0/2	!
!	interface FastEthernet0/12
interface Vlan1	!
no ip address	interface FastEthernet0/13
shutdown	!
!	interface FastEthernet0/14
interface Vlan10	!
ip address 192.168.1.254 255.255.255.0	interface FastEthernet0/15
!	!
interface Vlan20	interface FastEthernet0/16
ip address 192.168.2.254 255.255.255.0	!
!	interface FastEthernet0/17
ip classless	!
!	interface FastEthernet0/18
line con 0	!
line vty 0 4	interface FastEthernet0/19
login	!
!	interface FastEthernet0/20
end	!
SWB：	interface FastEthernet0/21
Current configuration : 1044 bytes	!
!	interface FastEthernet0/22
version 12.1	!
no service timestamps log datetime msec	interface FastEthernet0/23
no service timestamps debug datetime msec	!
no service password-encryption	interface FastEthernet0/24
!	!
hostname SWB	interface Vlan1
!	no ip address
interface FastEthernet0/1	shutdown
switchport mode trunk	!
!	line con 0
interface FastEthernet0/2	!
switchport mode trunk	line vty 0 4
!	login
interface FastEthernet0/3	line vty 5 15
switchport access vlan 10	login
!	!
interface FastEthernet0/4	end
switchport access vlan 20	

4. 使用链路聚合实现关键区域冗余备份（项目 4 任务 2）

（1）模拟器拓扑连线图（见图 A-5）

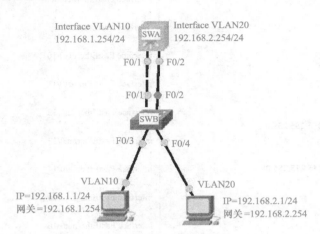

图 A-5　思科模拟器链路聚合

（2）模拟器配置清单

SWA: Current configuration : 1304 bytes ! version 12.2 no service timestamps log datetime msec no service timestamps debug datetime msec no service password-encryption ! **hostname SWA** ! **interface FastEthernet0/1** 　**channel-group 1 mode on** 　**switchport mode trunk** ! **interface FastEthernet0/2** 　**channel-group 1 mode on** 　**switchport mode trunk** ! interface FastEthernet0/3 ! interface FastEthernet0/4 ! interface FastEthernet0/5 ! interface FastEthernet0/6 ! interface FastEthernet0/7 ! interface FastEthernet0/8 ! interface FastEthernet0/9 !	interface FastEthernet0/10 ! interface FastEthernet0/11 ! interface FastEthernet0/12 ! interface FastEthernet0/13 ! interface FastEthernet0/14 ! interface FastEthernet0/15 ! interface FastEthernet0/16 ! interface FastEthernet0/17 ! interface FastEthernet0/18 ! interface FastEthernet0/19 ! interface FastEthernet0/20 ! interface FastEthernet0/21 ! interface FastEthernet0/22 ! interface FastEthernet0/23 ! interface FastEthernet0/24 ! interface GigabitEthernet0/1 !

（续）

interface GigabitEthernet0/2 ! **interface Port-channel 1** 　**switchport mode trunk** ! interface Vlan1 　no ip address 　shutdown ! **interface Vlan10** 　**ip address 192.168.1.254 255.255.255.0** ! **interface Vlan20** 　**ip address 192.168.2.254 255.255.255.0** ! ip classless ! line con 0 line vty 0 4 　login ! End **SWB：** Current configuration : 1144 bytes ! version 12.1 no service timestamps log datetime msec no service timestamps debug datetime msec no service password-encryption ! **hostname SWB** ! **interface FastEthernet0/1** 　**channel-group 1 mode on** 　**switchport mode trunk** ! **interface FastEthernet0/2** 　**channel-group 1 mode on** 　**switchport mode trunk** ! **interface FastEthernet0/3** 　**switchport access vlan 10** ! **interface FastEthernet0/4** 　**switchport access vlan 20** ! interface FastEthernet0/5 ! interface FastEthernet0/6 ! interface FastEthernet0/7	! interface FastEthernet0/8 ! interface FastEthernet0/9 ! interface FastEthernet0/10 ! interface FastEthernet0/11 ! interface FastEthernet0/12 ! interface FastEthernet0/13 ! interface FastEthernet0/14 ! interface FastEthernet0/15 ! interface FastEthernet0/16 ! interface FastEthernet0/17 ! interface FastEthernet0/18 ! interface FastEthernet0/19 ! interface FastEthernet0/20 ! interface FastEthernet0/21 ! interface FastEthernet0/22 ! interface FastEthernet0/23 ! interface FastEthernet0/24 ! **interface Port-channel 1** 　**switchport mode trunk** ! interface Vlan1 　no ip address 　shutdown ! line con 0 ! line vty 0 4 　login line vty 5 15 　login ! end

5. 静态路由实现（项目 5 任务 1）

（1）模拟器拓扑连线图（见图 A-6）

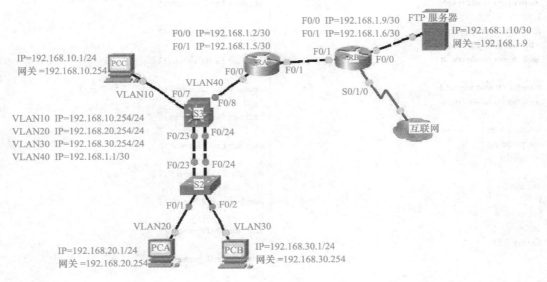

图 A-6 思科模拟器静态路由

（2）模拟器配置清单

S2: Current configuration : 1143 bytes ! version 12.1 no service timestamps log datetime msec no service timestamps debug datetime msec no service password-encryption ! **hostname S2** ! **interface FastEthernet0/1** **switchport access vlan 20** ! **interface FastEthernet0/2** **switchport access vlan 30** ! interface FastEthernet0/3 ! interface FastEthernet0/4 ! interface FastEthernet0/5 ! interface FastEthernet0/6 ! interface FastEthernet0/7 ! interface FastEthernet0/8 !	interface FastEthernet0/9 ! interface FastEthernet0/10 ! interface FastEthernet0/11 ! interface FastEthernet0/12 ! interface FastEthernet0/13 ! interface FastEthernet0/14 ! interface FastEthernet0/15 ! interface FastEthernet0/16 ! interface FastEthernet0/17 ! interface FastEthernet0/18 ! interface FastEthernet0/19 ! interface FastEthernet0/20 ! interface FastEthernet0/21 ! interface FastEthernet0/22 !

interface FastEthernet0/23 　channel-group 1 mode on 　switchport mode trunk ! interface FastEthernet0/24 　channel-group 1 mode on 　switchport mode trunk ! interface Port-channel 1 　switchport mode trunk ! interface Vlan1 　no ip address 　shutdown ! line con 0 ! line vty 0 4 　login line vty 5 15 　login ! End **S3:** Current configuration : 1592 bytes ! version 12.2 no service timestamps log datetime msec no service timestamps debug datetime msec no service password-encryption ! hostname S3 ! interface FastEthernet0/1 ! interface FastEthernet0/2 ! interface FastEthernet0/3 ! interface FastEthernet0/4 ! interface FastEthernet0/5 ! interface FastEthernet0/6 ! **interface FastEthernet0/7** 　**switchport access vlan 10** ! **interface FastEthernet0/8** 　**switchport access vlan 40** ! interface FastEthernet0/9 !	interface FastEthernet0/10 ! interface FastEthernet0/11 ! interface FastEthernet0/12 ! interface FastEthernet0/13 ! interface FastEthernet0/14 ! interface FastEthernet0/15 ! interface FastEthernet0/16 ! interface FastEthernet0/17 ! interface FastEthernet0/18 ! interface FastEthernet0/19 ! interface FastEthernet0/20 ! interface FastEthernet0/21 ! interface FastEthernet0/22 ! **interface FastEthernet0/23** 　**channel-group 1 mode on** 　**switchport trunk encapsulation dot1q** 　**switchport mode trunk** ! **interface FastEthernet0/24** 　**channel-group 1 mode on** 　**switchport trunk encapsulation dot1q** 　**switchport mode trunk** ! interface GigabitEthernet0/1 ! interface GigabitEthernet0/2 ! **interface Port-channel 1** 　**switchport trunk encapsulation dot1q** 　**switchport mode trunk** ! interface Vlan1 　no ip address 　shutdown ! **interface Vlan10** 　**ip address 192.168.10.254 255.255.255.0** ! **interface Vlan20** 　**ip address 192.168.20.254 255.255.255.0**

!
interface Vlan30
 ip address 192.168.30.254 255.255.255.0
!
interface Vlan40
 ip address 192.168.1.1 255.255.255.252
!
ip classless
ip route 0.0.0.0 0.0.0.0 192.168.1.2
!
line con 0
line vty 0 4
login
!
End
RA:
Current configuration : 674 bytes
!
version 12.4
no service timestamps log datetime msec
no service timestamps debug datetime msec
no service password-encryption
!
hostname RA
!
interface FastEthernet0/0
 ip address 192.168.1.2 255.255.255.252
 duplex auto
 speed auto
!
interface FastEthernet0/1
 ip address 192.168.1.5 255.255.255.252
 duplex auto
 speed auto
!
interface Vlan1
 no ip address
 shutdown
!
ip classless
ip route 0.0.0.0 0.0.0.0 192.168.1.6
ip route 192.168.10.0 255.255.255.0 192.168.1.1
ip route 192.168.20.0 255.255.255.0 192.168.1.1
ip route 192.168.30.0 255.255.255.0 192.168.1.1
!
no cdp run
!
line con 0
line vty 0 4

 login
!
end
RB:
Current configuration : 812 bytes
!
version 12.4
no service timestamps log datetime msec
no service timestamps debug datetime msec
no service password-encryption
!
hostname RB
!
interface FastEthernet0/0
 ip address 192.168.1.9 255.255.255.252
 duplex auto
 speed auto
!
interface FastEthernet0/1
 ip address 192.168.1.6 255.255.255.252
 duplex auto
 speed auto
!
interface Serial0/1/0
 no ip address
!
interface Serial0/1/1
 no ip address
 shutdown
!
interface Vlan1
 no ip address
 shutdown
!
ip classless
ip route 0.0.0.0 0.0.0.0 Serial0/1/0
ip route 192.168.10.0 255.255.255.0 192.168.1.5
ip route 192.168.20.0 255.255.255.0 192.168.1.5
ip route 192.168.30.0 255.255.255.0 192.168.1.5
ip route 192.168.1.0 255.255.255.252 192.168.1.5
!
no cdp run
!
line con 0
line vty 0 4
 login
!
end

6. 动态路由 RIP 实现（项目 5 任务 2）

（1）模拟器拓扑连线图（见图 A-7）

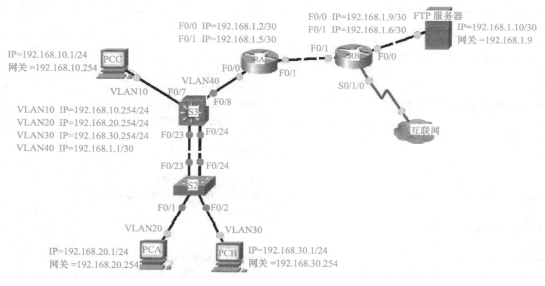

图 A-7　思科模拟器动态路由 RIP

（2）模拟器配置清单

S2： Current configuration : 1143 bytes ! version 12.1 no service timestamps log datetime msec no service timestamps debug datetime msec no service password-encryption ! hostname S2 ! **interface FastEthernet0/1** 　**switchport access vlan 20** ! **interface FastEthernet0/2** 　**switchport access vlan 30** ! interface FastEthernet0/3 ! interface FastEthernet0/4 ! interface FastEthernet0/5 ! interface FastEthernet0/6 ! interface FastEthernet0/7 ! interface FastEthernet0/8	! interface FastEthernet0/9 ! interface FastEthernet0/10 ! interface FastEthernet0/11 ! interface FastEthernet0/12 ! interface FastEthernet0/13 ! interface FastEthernet0/14 ! interface FastEthernet0/15 ! interface FastEthernet0/16 ! interface FastEthernet0/17 ! interface FastEthernet0/18 ! interface FastEthernet0/19 ! interface FastEthernet0/20 ! interface FastEthernet0/21 !

(续)

```
interface FastEthernet0/22
!
interface FastEthernet0/23
 channel-group 1 mode on
 switchport mode trunk
!
interface FastEthernet0/24
 channel-group 1 mode on
 switchport mode trunk
!
interface Port-channel 1
 switchport mode trunk
!
interface Vlan1
 no ip address
 shutdown
!
line con 0
!
line vty 0 4
 login
line vty 5 15
 login
!
End
```

S3：
```
Current configuration : 1592 bytes
!
version 12.2
no service timestamps log datetime msec
no service timestamps debug datetime msec
no service password-encryption
!
hostname S3
!
interface FastEthernet0/1
!
interface FastEthernet0/2
!
interface FastEthernet0/3
!
interface FastEthernet0/4
!
interface FastEthernet0/5
!
interface FastEthernet0/6
!
interface FastEthernet0/7
 switchport access vlan 10
!
interface FastEthernet0/8
 switchport access vlan 40
!
interface FastEthernet0/9
!
interface FastEthernet0/10
!
interface FastEthernet0/11
!
interface FastEthernet0/12
!
interface FastEthernet0/13
!
interface FastEthernet0/14
!
interface FastEthernet0/15
!
interface FastEthernet0/16
!
interface FastEthernet0/17
!
interface FastEthernet0/18
!
interface FastEthernet0/19
!
interface FastEthernet0/20
!
interface FastEthernet0/21
!
interface FastEthernet0/22
!
interface FastEthernet0/23
 channel-group 1 mode on
 switchport trunk encapsulation dot1q
 switchport mode trunk
!
interface FastEthernet0/24
 channel-group 1 mode on
 switchport trunk encapsulation dot1q
 switchport mode trunk
!
interface GigabitEthernet0/1
!
interface GigabitEthernet0/2
!
interface Port-channel 1
 switchport trunk encapsulation dot1q
 switchport mode trunk
!
interface Vlan1
 no ip address
 shutdown
!
interface Vlan10
 ip address 192.168.10.254 255.255.255.0
!
```

（续）

```
interface Vlan20
 ip address 192.168.20.254 255.255.255.0
!
interface Vlan30
 ip address 192.168.30.254 255.255.255.0
!
interface Vlan40
 ip address 192.168.1.1 255.255.255.252
!
router rip
 version 2
 network 192.168.1.0
 network 192.168.10.0
 network 192.168.20.0
 network 192.168.30.0
 no auto-summary
!
ip classless
!
line con 0
line vty 0 4
 login
!
End
RA:
Current configuration : 674 bytes
!
version 12.4
no service timestamps log datetime msec
no service timestamps debug datetime msec
no service password-encryption
!
hostname RA
!
interface FastEthernet0/0
 ip address 192.168.1.2 255.255.255.252
 duplex auto
 speed auto
!
interface FastEthernet0/1
 ip address 192.168.1.5 255.255.255.252
 duplex auto
 speed auto
!
interface Vlan1
 no ip address
 shutdown
!
router rip
 version 2
 network 192.168.1.0
 no auto-summary
!
ip classless
```

```
!
no cdp run
!
line con 0
line vty 0 4
 login
!
end
RB:
Current configuration : 812 bytes
!
version 12.4
no service timestamps log datetime msec
no service timestamps debug datetime msec
no service password-encryption
!
hostname RB
!
interface FastEthernet0/0
 ip address 192.168.1.9 255.255.255.252
 duplex auto
 speed auto
!
interface FastEthernet0/1
 ip address 192.168.1.6 255.255.255.252
 duplex auto
 speed auto
!
interface Serial0/1/0
 no ip address
!
interface Serial0/1/1
 no ip address
 shutdown
!
interface Vlan1
 no ip address
 shutdown
!
router rip
 version 2
 network 192.168.1.0
 no auto-summary
!
ip classless
!
no cdp run
!
line con 0
line vty 0 4
 login
!
end
```

7. 动态路由 OSPF 实现（项目 5 任务 3）

（1）模拟器拓扑连线图（见图 A-8）

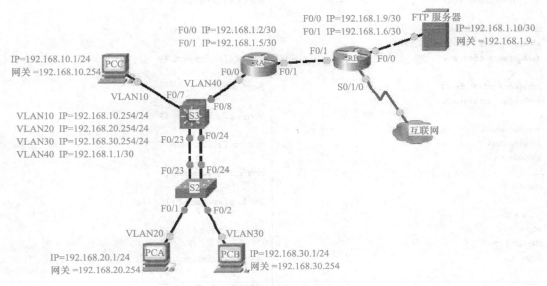

图 A-8　思科模拟器动态路由 OSPF

（2）模拟器配置清单

S2: Current configuration : 1143 bytes ! version 12.1 no service timestamps log datetime msec no service timestamps debug datetime msec no service password-encryption ! hostname S2 ! **interface FastEthernet0/1** 　**switchport access vlan 20** ! **interface FastEthernet0/2** 　**switchport access vlan 30** ! interface FastEthernet0/3 ! interface FastEthernet0/4 ! interface FastEthernet0/5 ! interface FastEthernet0/6 ! interface FastEthernet0/7 ! interface FastEthernet0/8 !	interface FastEthernet0/9 ! interface FastEthernet0/10 ! interface FastEthernet0/11 ! interface FastEthernet0/12 ! interface FastEthernet0/13 ! interface FastEthernet0/14 ! interface FastEthernet0/15 ! interface FastEthernet0/16 ! interface FastEthernet0/17 ! interface FastEthernet0/18 ! interface FastEthernet0/19 ! interface FastEthernet0/20 ! interface FastEthernet0/21 ! interface FastEthernet0/22 !

(续)

interface FastEthernet0/23 channel-group 1 mode on switchport mode trunk ! interface FastEthernet0/24 channel-group 1 mode on switchport mode trunk ! interface Port-channel 1 switchport mode trunk ! interface Vlan1 no ip address shutdown ! line con 0 ! line vty 0 4 login line vty 5 15 login ! End **S3：** Current configuration : 1592 bytes ! version 12.2 no service timestamps log datetime msec no service timestamps debug datetime msec no service password-encryption ! hostname S3 ! interface FastEthernet0/1 ! interface FastEthernet0/2 ! interface FastEthernet0/3 ! interface FastEthernet0/4 ! interface FastEthernet0/5 ! interface FastEthernet0/6 ! interface FastEthernet0/7 switchport access vlan 10 ! interface FastEthernet0/8 switchport access vlan 40 ! interface FastEthernet0/9 !	interface FastEthernet0/10 ! interface FastEthernet0/11 ! interface FastEthernet0/12 ! interface FastEthernet0/13 ! interface FastEthernet0/14 ! interface FastEthernet0/15 ! interface FastEthernet0/16 ! interface FastEthernet0/17 ! interface FastEthernet0/18 ! interface FastEthernet0/19 ! interface FastEthernet0/20 ! interface FastEthernet0/21 ! interface FastEthernet0/22 ! **interface FastEthernet0/23** **channel-group 1 mode on** **switchport trunk encapsulation dot1q** **switchport mode trunk** ! **interface FastEthernet0/24** **channel-group 1 mode on** **switchport trunk encapsulation dot1q** **switchport mode trunk** ! interface GigabitEthernet0/1 ! interface GigabitEthernet0/2 ! **interface Port-channel 1** **switchport trunk encapsulation dot1q** **switchport mode trunk** ! interface Vlan1 no ip address shutdown ! **interface Vlan10** **ip address 192.168.10.254 255.255.255.0** ! **interface Vlan20** **ip address 192.168.20.254 255.255.255.0**

(续)

```
!
interface Vlan30
 ip address 192.168.30.254 255.255.255.0
!
interface Vlan40
 ip address 192.168.1.1 255.255.255.252
!
router ospf 1
 log-adjacency-changes
 network 192.168.0.0 0.0.255.255 area 0
!
ip classless
!
line con 0
line vty 0 4
 login
!
End
RA:
Current configuration : 674 bytes
!
version 12.4
no service timestamps log datetime msec
no service timestamps debug datetime msec
no service password-encryption
!
hostname RA
!
interface FastEthernet0/0
 ip address 192.168.1.2 255.255.255.252
 duplex auto
 speed auto
!
interface FastEthernet0/1
 ip address 192.168.1.5 255.255.255.252
 duplex auto
 speed auto
!
interface Vlan1
 no ip address
 shutdown
!
router ospf 1
 log-adjacency-changes
 network 192.168.1.0 0.0.0.255 area 0
!
ip classless
!
no cdp run
!
line con 0
line vty 0 4
 login
!
End
RB:
Current configuration : 812 bytes
!
version 12.4
no service timestamps log datetime msec
no service timestamps debug datetime msec
no service password-encryption
!
hostname RB
!
interface FastEthernet0/0
 ip address 192.168.1.9 255.255.255.252
 duplex auto
 speed auto
!
interface FastEthernet0/1
 ip address 192.168.1.6 255.255.255.252
 duplex auto
 speed auto
!
interface Serial0/1/0
 no ip address
!
interface Serial0/1/1
 no ip address
 shutdown
!
interface Vlan1
 no ip address
 shutdown
!
router ospf 1
 log-adjacency-changes
 network 192.168.1.0 0.0.0.255 area 0
!
ip classless
!
no cdp run
!
line con 0
line vty 0 4
 login
!
end
```

8. 专线 PPP 连接（项目 6 任务 1）
PAP 验证

（1）模拟器拓扑连线图（见图 A-9）

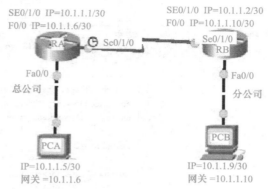

图 A-9 思科模拟器 PAP 验证

（2）模拟器配置清单

RA:	interface Vlan1
Current configuration : 746 bytes	no ip address
!	shutdown
version 12.4	!
no service timestamps log datetime msec	ip classless
no service timestamps debug datetime msec	**ip route 0.0.0.0 0.0.0.0 10.1.1.2**
no service password-encryption	!
!	line con 0
hostname ra	line vty 0 4
!	login
username userhr password 0 123456	!
!	End
interface FastEthernet0/0	**RB:**
ip address 10.1.1.6 255.255.255.252	Current configuration : 729 bytes
duplex auto	!
speed auto	version 12.4
!	no service timestamps log datetime msec
interface FastEthernet0/1	no service timestamps debug datetime msec
no ip address	no service password-encryption
duplex auto	!
speed auto	**hostname rb**
shutdown	!
!	**username user password 0 654321**
interface Serial0/1/0	!
ip address 10.1.1.1 255.255.255.252	**interface FastEthernet0/0**
encapsulation ppp	**ip address 10.1.1.10 255.255.255.252**
ppp authentication pap	duplex auto
ppp pap sent-username user password 0 654321	speed auto
clock rate 64000	!
!	interface FastEthernet0/1
interface Serial0/1/1	no ip address
no ip address	duplex auto
shutdown	speed auto
!	shutdown

(续)

! interface Serial0/1/0 ip address 10.1.1.2 255.255.255.252 encapsulation ppp ppp authentication pap ppp pap sent-username userhr password 0 123456 ! interface Serial0/1/1 no ip address shutdown ! interface Vlan1	no ip address shutdown ! ip classless ip route 0.0.0.0 0.0.0.0 10.1.1.1 ! line con 0 line vty 0 4 login ! end

CHAP 验证

（1）模拟器拓扑连线图（见图 A-10）

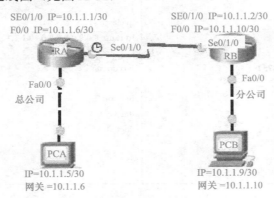

图 A-10　思科模拟器 CHAP 验证

（2）模拟器配置清单

RA: Current configuration : 707 bytes ! version 12.4 no service timestamps log datetime msec no service timestamps debug datetime msec no service password-encryption ! **hostname ra** ! **username rb password 0 321** ! **interface FastEthernet0/0** **ip address 10.1.1.6 255.255.255.252** duplex auto speed auto ! interface FastEthernet0/1 no ip address duplex auto speed auto	shutdown ! **interface Serial0/1/0** **ip address 10.1.1.1 255.255.255.252** **encapsulation ppp** **ppp authentication chap** **clock rate 64000** ! interface Serial0/1/1 no ip address shutdown ! interface Vlan1 no ip address shutdown ! ip classless **ip route 0.0.0.0 0.0.0.0 10.1.1.2** ! no cdp run !

（续）

line con 0 line vty 0 4 login ! end **RB：** Current configuration : 690 bytes ! version 12.4 no service timestamps log datetime msec no service timestamps debug datetime msec no service password-encryption ! **hostname rb** ! **username ra password 0 321** ! **interface FastEthernet0/0** **ip address 10.1.1.10 255.255.255.252** **duplex auto** **speed auto** ! interface FastEthernet0/1 no ip address duplex auto speed auto	shutdown ! **interface Serial0/1/0** **ip address 10.1.1.2 255.255.255.252** **encapsulation ppp** **ppp authentication chap** ! interface Serial0/1/1 no ip address shutdown ! interface Vlan1 no ip address shutdown ! ip classless **ip route 0.0.0.0 0.0.0.0 10.1.1.1** ! no cdp run ! line con 0 line vty 0 4 login ! end

9. 多路复用帧中继连接（项目6任务2）

(1) 模拟器拓扑连线图（见图A-11）

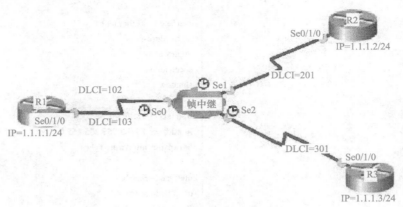

图A-11 思科模拟器帧中继

(2) 模拟器配置清单

R1：
 Current configuration : 644 bytes
 !
 version 12.4
 no service timestamps log datetime msec
 no service timestamps debug datetime msec
 no service password-encryption
 !
 hostname r1
 !
 interface FastEthernet0/0
  no ip address
  duplex auto
  speed auto
  shutdown
 !
 interface FastEthernet0/1
  no ip address
  duplex auto
  speed auto
  shutdown
 !
 interface Serial0/1/0
  ip address 1.1.1.1 255.255.255.0
  encapsulation frame-relay
  frame-relay map ip 1.1.1.2 102
  frame-relay map ip 1.1.1.3 103
 !
 interface Serial0/1/1
  no ip address
  shutdown
 !
 interface Vlan1
  no ip address
	shutdown
	 !
	 ip classless
	 !
	 line con 0
	 line vty 0 4
	  login
	 !
	 End
	 R2：
	 Current configuration : 593 bytes
	 !
	 version 12.4
	 no service timestamps log datetime msec
	 no service timestamps debug datetime msec
	 no service password-encryption
	 !
	 hostname r2
	 !
	 interface FastEthernet0/0
	  no ip address
	  duplex auto
	  speed auto
	  shutdown
	 !
	 interface FastEthernet0/1
	  no ip address
	  duplex auto
	  speed auto
	  shutdown
	 !
	 interface Serial0/1/0
	  ip address 1.1.1.2 255.255.255.0
	  encapsulation frame-relay

（续）

```
!
interface Serial0/1/1
 no ip address
 shutdown
!
interface Vlan1
 no ip address
 shutdown
!
ip classless
!
no cdp run
!
line con 0
line vty 0 4
 login
!
end
```

R3：
```
Current configuration : 593 bytes
!
version 12.4
no service timestamps log datetime msec
no service timestamps debug datetime msec
no service password-encryption
!
hostname r3
!
interface FastEthernet0/0
 no ip address
 duplex auto
 speed auto
 shutdown
!
interface FastEthernet0/1
 no ip address
 duplex auto
 speed auto
 shutdown
!
interface Serial0/1/0
 ip address 1.1.1.3 255.255.255.0
 encapsulation frame-relay
!
interface Serial0/1/1
 no ip address
 shutdown
!
interface Vlan1
 no ip address
 shutdown
!
ip classless
!
no cdp run
!
line con 0
line vty 0 4
 login
!
end
```

10. 配置对源 IP 的访问控制（项目 7 任务 1）

（1）模拟器拓扑连线图（见图 A-12）

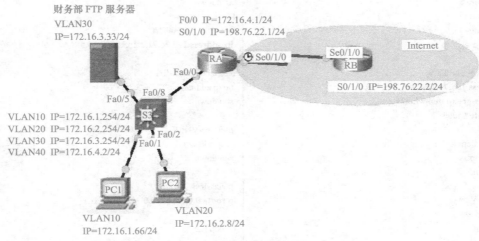

图 A-12 思科模拟器标准访问控制列表

（2）模拟器配置清单

RA：（编号法）	
Current configuration : 851 bytes	no ip address
!	shutdown
version 12.4	!
no service timestamps log datetime msec	ip classless
no service timestamps debug datetime msec	ip route 0.0.0.0 0.0.0.0 198.76.22.2
no service password-encryption	ip route 172.16.1.0 255.255.255.0 172.16.4.2
!	ip route 172.16.2.0 255.255.255.0 172.16.4.2
hostname ra	ip route 172.16.3.0 255.255.255.0 172.16.4.2
!	!
interface FastEthernet0/0	access-list 1 deny 172.16.2.0 0.0.0.255
ip address 172.16.4.1 255.255.255.0	access-list 1 permit any
duplex auto	!
speed auto	line con 0
!	line vty 0 4
interface FastEthernet0/1	login
no ip address	!
duplex auto	End
speed auto	**RA：（命名法）**
shutdown	Current configuration : 869 bytes
!	!
interface Serial0/1/0	version 12.4
ip address 198.76.22.1 255.255.255.0	no service timestamps log datetime msec
ip access-group 1 out	no service timestamps debug datetime msec
clock rate 64000	no service password-encryption
!	!
interface Serial0/1/1	hostname ra
no ip address	!
shutdown	interface FastEthernet0/0
!	ip address 172.16.4.1 255.255.255.0
interface Vlan1	duplex auto
	speed auto

（续）

```
!
interface FastEthernet0/1
 no ip address
 duplex auto
 speed auto
 shutdown
!
interface Serial0/1/0
 ip address 198.76.22.1 255.255.255.0
 ip access-group denyvlan20 out
 clock rate 64000
!
interface Serial0/1/1
 no ip address
 shutdown
!
interface Vlan1
 no ip address
 shutdown
!
ip classless
ip route 0.0.0.0 0.0.0.0 198.76.22.2
ip route 172.16.1.0 255.255.255.0 172.16.4.2
ip route 172.16.2.0 255.255.255.0
172.16.4.2
ip route 172.16.3.0 255.255.255.0 172.16.4.2
!
ip access-list standard denyvlan20
 deny 172.16.2.0 0.0.0.255
 permit any
!
line con 0
line vty 0 4
 login
!
End
RB:
Current configuration : 608 bytes
!
version 12.4
no service timestamps log datetime msec
no service timestamps debug datetime msec
no service password-encryption
!
hostname rb
!
interface FastEthernet0/0
 no ip address
 duplex auto
 speed auto
 shutdown
!
interface FastEthernet0/1
 no ip address
```

```
 duplex auto
 speed auto
 shutdown
!
interface Serial0/1/0
 ip address 198.76.22.2 255.255.255.0
!
interface Serial0/1/1
 no ip address
 shutdown
!
interface Vlan1
 no ip address
 shutdown
!
ip classless
ip route 0.0.0.0 0.0.0.0 198.76.22.1
!
no cdp run
!
line con 0
line vty 0 4
 login
!
end
S3:
Current configuration : 1414 bytes
!
version 12.2
no service timestamps log datetime msec
no service timestamps debug datetime msec
no service password-encryption
!
hostname s3
!
interface FastEthernet0/1
 switchport access vlan 10
!
interface FastEthernet0/2
 switchport access vlan 20
!
interface FastEthernet0/3
!
interface FastEthernet0/4
!
interface FastEthernet0/5
 switchport access vlan 30
!
interface FastEthernet0/6
!
interface FastEthernet0/7
!
interface FastEthernet0/8
 switchport access vlan 40
```

! interface FastEthernet0/9 ! interface FastEthernet0/10 ! interface FastEthernet0/11 ! interface FastEthernet0/12 ! interface FastEthernet0/13 ! interface FastEthernet0/14 ! interface FastEthernet0/15 ! interface FastEthernet0/16 ! interface FastEthernet0/17 ! interface FastEthernet0/18 ! interface FastEthernet0/19 ! interface FastEthernet0/20 ! interface FastEthernet0/21 ! interface FastEthernet0/22 ! interface FastEthernet0/23 !	interface FastEthernet0/24 ! interface GigabitEthernet0/1 ! interface GigabitEthernet0/2 ! interface Vlan1 no ip address shutdown ! **interface Vlan10** **ip address 172.16.1.254 255.255.255.0** ! **interface Vlan20** **ip address 172.16.2.254 255.255.255.0** ! **interface Vlan30** **ip address 172.16.3.254 255.255.255.0** ! **interface Vlan40** **ip address 172.16.4.2 255.255.255.0** ! ip classless **ip route 0.0.0.0 0.0.0.0 172.16.4.1** ! line con 0 line vty 0 4 login ! end

11. 配置对网络服务的访问控制（项目 7 任务 2）

（1）模拟器拓扑连线图（见图 A-13）

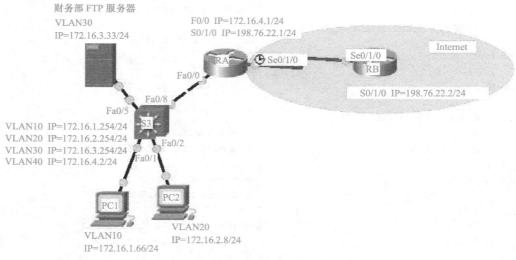

图 A-13 思科模拟器扩展访问控制列表

（2）模拟器配置清单

```
RA：
Current configuration : 851 bytes
!
version 12.4
no service timestamps log datetime msec
no service timestamps debug datetime msec
no service password-encryption
!
hostname ra
!
interface FastEthernet0/0
 ip address 172.16.4.1 255.255.255.0
 duplex auto
 speed auto
!
interface FastEthernet0/1
 no ip address
 duplex auto
 speed auto
 shutdown
!
interface Serial0/1/0
 ip address 198.76.22.1 255.255.255.0
 clock rate 64000
!
interface Serial0/1/1
 no ip address
 shutdown
!
interface Vlan1
 no ip address
 shutdown
!
ip classless
ip route 0.0.0.0 0.0.0.0 198.76.22.2
ip route 172.16.1.0 255.255.255.0 172.16.4.2
ip route 172.16.2.0 255.255.255.0 172.16.4.2
ip route 172.16.3.0 255.255.255.0 172.16.4.2
!
line con 0
line vty 0 4
 login
!
end

RB：
Current configuration : 608 bytes
!
version 12.4
no service timestamps log datetime msec
no service timestamps debug datetime msec
no service password-encryption
!
hostname rb
!
interface FastEthernet0/0
 no ip address
 duplex auto
 speed auto
 shutdown
!
```

```
interface FastEthernet0/1
 no ip address
 duplex auto
 speed auto
 shutdown
!
interface Serial0/1/0
 ip address 198.76.22.2 255.255.255.0
!
interface Serial0/1/1
 no ip address
 shutdown
!
interface Vlan1
 no ip address
 shutdown
!
ip classless
ip route 0.0.0.0 0.0.0.0 198.76.22.1
!
no cdp run
!
line con 0
line vty 0 4
 login
!
end
```

S3：（编号法）
```
Current configuration : 1578 bytes
!
version 12.2
no service timestamps log datetime msec
no service timestamps debug datetime msec
no service password-encryption
!
hostname s3
!
interface FastEthernet0/1
 switchport access vlan 10
!
interface FastEthernet0/2
 switchport access vlan 20
!
interface FastEthernet0/3
!
interface FastEthernet0/4
!
interface FastEthernet0/5
 switchport access vlan 30
!
interface FastEthernet0/6
!
interface FastEthernet0/7
!
interface FastEthernet0/8
 switchport access vlan 40
!
interface FastEthernet0/9
!
interface FastEthernet0/10
!
interface FastEthernet0/11
!
interface FastEthernet0/12
!
interface FastEthernet0/13
!
interface FastEthernet0/14
!
interface FastEthernet0/15
!
interface FastEthernet0/16
!
interface FastEthernet0/17
!
interface FastEthernet0/18
!
interface FastEthernet0/19
!
interface FastEthernet0/20
!
interface FastEthernet0/21
!
interface FastEthernet0/22
!
interface FastEthernet0/23
!
interface FastEthernet0/24
!
interface GigabitEthernet0/1
!
interface GigabitEthernet0/2
!
interface Vlan1
 no ip address
 shutdown
!
interface Vlan10
 ip address 172.16.1.254 255.255.255.0
!
interface Vlan20
 ip address 172.16.2.254 255.255.255.0
!
interface Vlan30
 ip address 172.16.3.254 255.255.255.0
 ip access-group 100 out
!
interface Vlan40
 ip address 172.16.4.2 255.255.255.0
!
```

(续)

ip classless **ip route 0.0.0.0 0.0.0.0 172.16.4.1** ! **access-list 100 deny tcp any host** **172.16.3.33 eq 20** **access-list 100 deny tcp any host 172.16.3.33 eq ftp** **access-list 100 permit ip any any** ! line con 0 line vty 0 4 login ! End **S3：（命名法）** Current configuration : 1569 bytes ! version 12.2 no service timestamps log datetime msec no service timestamps debug datetime msec no service password-encryption ! **hostname s3** ! **interface FastEthernet0/1** **switchport access vlan 10** ! **interface FastEthernet0/2** **switchport access vlan 20** ! interface FastEthernet0/3 ! interface FastEthernet0/4 ! **interface FastEthernet0/5** **switchport access vlan 30** ! interface FastEthernet0/6 ! interface FastEthernet0/7 ! **interface FastEthernet0/8** **switchport access vlan 40** ! interface FastEthernet0/9 ! interface FastEthernet0/10 ! interface FastEthernet0/11 ! interface FastEthernet0/12 ! interface FastEthernet0/13 ! interface FastEthernet0/14 !	interface FastEthernet0/15 ! interface FastEthernet0/16 ! interface FastEthernet0/17 ! interface FastEthernet0/18 ! interface FastEthernet0/19 ! interface FastEthernet0/20 ! interface FastEthernet0/21 ! interface FastEthernet0/22 ! interface FastEthernet0/23 ! interface FastEthernet0/24 ! interface GigabitEthernet0/1 ! interface GigabitEthernet0/2 ! interface Vlan1 no ip address shutdown ! **interface Vlan10** **ip address 172.16.1.254 255.255.255.0** ! **interface Vlan20** **ip address 172.16.2.254 255.255.255.0** ! **interface Vlan30** ip address 172.16.3.254 255.255.255.0 **ip access-group denyftp out** ! **interface Vlan40** **ip address 172.16.4.2 255.255.255.0** ! ip classless **ip route 0.0.0.0 0.0.0.0 172.16.4.1** ! **ip access-list extended denyftp** **deny tcp any host 172.16.3.33 eq 20** **deny tcp any host 172.16.3.33 eq ftp** **permit ip any any** ! line con 0 line vty 0 4 login ! End

12. 配置静态地址映射实现外网用户访问内网服务器（项目8 任务1）

（1）模拟器拓扑连线图（见图A-14）

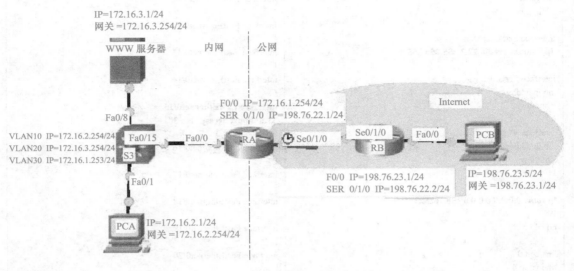

图 A-14　思科模拟器 NAT

（2）模拟器配置清单

```
RA:
Current configuration : 829 bytes
!
version 12.4
no service timestamps log datetime msec
no service timestamps debug datetime msec
no service password-encryption
!
hostname RA
!
interface FastEthernet0/0
 ip address 172.16.1.254 255.255.255.0
 ip nat inside
 duplex auto
 speed auto
!
interface FastEthernet0/1
 no ip address
 duplex auto
 speed auto
 shutdown
!
interface Serial0/1/0
 ip address 198.76.22.1 255.255.255.0
 ip nat outside
 clock rate 64000
!
interface Serial0/1/1
 no ip address
 shutdown
!
interface Vlan1
```

```
 no ip address
 shutdown
!
ip nat inside source static tcp 172.16.3.1 80 198.76.22.3 80
ip classless
ip route 0.0.0.0 0.0.0.0 198.76.22.2
ip route 172.16.2.0 255.255.255.0 172.16.1.253
ip route 172.16.3.0 255.255.255.0 172.16.1.253
!
no cdp run
!
line con 0
line vty 0 4
 login
!
end
RB:
Current configuration : 621 bytes
!
version 12.4
no service timestamps log datetime msec
no service timestamps debug datetime msec
no service password-encryption
!
hostname RB
!
interface FastEthernet0/0
 ip address 198.76.23.1 255.255.255.0
 duplex auto
 speed auto
!
interface FastEthernet0/1
```

```
   no ip address
   duplex auto
   speed auto
   shutdown
!
interface Serial0/1/0
 ip address 198.76.22.2 255.255.255.0
!
interface Serial0/1/1
 no ip address
 shutdown
!
interface Vlan1
 no ip address
 shutdown
!
ip classless
ip route 0.0.0.0 0.0.0.0 198.76.22.1
!
no cdp run
!
line con 0
line vty 0 4
 login
!
end
S3:
Current configuration : 1333 bytes
!
version 12.2
no service timestamps log datetime msec
no service timestamps debug datetime msec
no service password-encryption
!
hostname S3
!
interface FastEthernet0/1
 switchport access vlan 10
!
interface FastEthernet0/2
!
interface FastEthernet0/3
!
interface FastEthernet0/4
!
interface FastEthernet0/5
!
interface FastEthernet0/6
!
interface FastEthernet0/7
!
interface FastEthernet0/8
 switchport access vlan 20
!
interface FastEthernet0/9
!
interface FastEthernet0/10
!
interface FastEthernet0/11
!
interface FastEthernet0/12
!
interface FastEthernet0/13
!
interface FastEthernet0/14
!
interface FastEthernet0/15
 switchport access vlan 30
!
interface FastEthernet0/16
!
interface FastEthernet0/17
!
interface FastEthernet0/18
!
interface FastEthernet0/19
!
interface FastEthernet0/20
!
interface FastEthernet0/21
!
interface FastEthernet0/22
!
interface FastEthernet0/23
!
interface FastEthernet0/24
!
interface GigabitEthernet0/1
!
interface GigabitEthernet0/2
!
interface Vlan1
 no ip address
 shutdown
!
interface Vlan10
 ip address 172.16.2.254 255.255.255.0
!
interface Vlan20
 ip address 172.16.3.254 255.255.255.0
!
interface Vlan30
 ip address 172.16.1.253 255.255.255.0
!
ip classless
ip route 0.0.0.0 0.0.0.0 172.16.1.254
!
line con 0
line vty 0 4
 login
!
end
```

13. 配置动态地址映射实现内网用户访问互联网（项目8任务2）

（1）模拟器拓扑连线图（见图A-15）

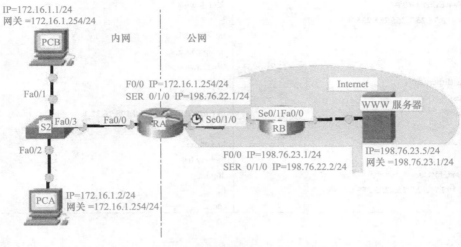

图A-15 思科模拟器动态NAPT

（2）模拟器配置清单

```
RA:
Current configuration : 810 bytes
!
version 12.4
no service timestamps log datetime msec
no service timestamps debug datetime msec
no service password-encryption
!
hostname ra
!
interface FastEthernet0/0
 ip address 172.16.1.254 255.255.255.0
 ip nat inside
 duplex auto
 speed auto
!
interface FastEthernet0/1
 no ip address
 duplex auto
 speed auto
 shutdown
!
interface Serial0/1/0
 ip address 198.76.22.1 255.255.255.0
 ip nat outside
 clock rate 64000
!
interface Serial0/1/1
 no ip address
 shutdown
!
interface Vlan1
 no ip address
 shutdown
!
ip nat pool abc 198.76.22.11 198.76.22.20 netmask 255.255.255.0
ip nat inside source list 1 pool abc overload
ip classless
ip route 0.0.0.0 0.0.0.0 198.76.22.2
!
access-list 1 permit 172.16.1.0 0.0.0.255
!
line con 0
line vty 0 4
 login
!
end
RB:
Current configuration : 608 bytes
!
version 12.4
no service timestamps log datetime msec
no service timestamps debug datetime msec
no service password-encryption
!
```

（续）

hostname rb	interface Serial0/1/1
!	no ip address
interface FastEthernet0/0	shutdown
ip address 198.76.23.1 255.255.255.0	!
duplex auto	interface Vlan1
speed auto	no ip address
!	shutdown
interface FastEthernet0/1	!
no ip address	ip classless
duplex auto	**ip route 0.0.0.0 0.0.0.0 198.76.22.1**
speed auto	!
shutdown	line con 0
!	line vty 0 4
interface Serial0/1/0	login
ip address 198.76.22.2 255.255.255.0	!
!	end

附录B 参考答案

项目1

1. C、B、C
2. ABC、ACD、ACD
3.
1）答：①封装成帧；②透明传输；③差错控制

2）答：①对接收到的信号进行再生整形放大，以扩大网络的传输距离；②集线器在半双工下工作，它扩大了局域网覆盖的地理范围，是一个共享介质的局域网；③集线器发送数据时采用广播方式发送，也就是集线器相连的所有节点都将收到数据。

3）答：①交换机将数据的源MAC地址和目的MAC地址对应的端口学习保存到MAC地址表里。②交换机的一个接口下的网络是一个冲突域，交换机隔离冲突域。

项目2

1. C、D、C
2. AB、AD、AC
3.
1）答：①IP地址是连接到互联网的计算机分配的唯一标识符；②IP地址被定义为一个32位二进制数；③IP地址分成4段每段8位，中间以"."分隔的形式，可以转换成十进制表示；④IP地址包含网络位和主机位。

2）答：用1来表示IP地址里的网络位，用0来表示IP地址里的主机位。

3）答：
该公司为4个部门，要求相对独立，则该公司必须有4个子网，根据公式 $2^m \geqslant 4$，$m \geqslant 2$，也就是主机位借两位给网络位做子网的划分。剩下6位主机位，则每个子网可以容纳 2^n-2，$n=6$，则 $2^n-2=62$ 台，大于每个部门不超过50台计算机，符合条件。由此可以计算出子网掩码为255.255.255.192。4个子网见表B-1。

表B-1 4个子网的IP地址

部门	网络地址	广播地址	主机范围
前台	200.20.16.0	200.20.16.63	200.20.16.1～200.20.16.62
售后	200.20.16.64	200.20.16.127	200.20.16.65～200.20.16.126
生产	200.20.16.128	200.20.16.191	200.20.16.129～200.20.16.190
财务	200.20.16.192	200.20.16.255	200.20.16.193～200.20.16.254

项目3

1. C、A、D、B

2. BC、BD

3.

1) 答：①基于端口的 VLAN：针对交换机的端口进行 VLAN 的划分，不受主机的变化影响；②基于协议的 VLAN：在一个物理网络中针对不同的网络层协议进行安全划分；③基于 MAC 地址的 VLAN：基于主机的 MAC 地址进行 VLAN 划分，主机可以任意在网络移动不需要重新划分；④基于 IP 子网的 VLAN：针对不同的用户分配不同子网的 IP 地址，从而隔离用户主机，一般情况下结合基于端口的 VLAN 进行应用。

2) 答：① Access 的特点：一个端口只能属于一个 VLAN，不打标签。② Trunk 的特点：一个端口可以属于多个 VLAN，打标签 802.1Q。③ Access 一般用于连接用户主机。④ Trunk 一般用于交换机之间级联。

项目 4

1. D、C、B、B
2. AB、BD、AB、BD
3.

1) 答：①比较路径开销，带宽越小开销越大；②比较发送者的 Bridge ID，选择参数小的；③比较发送者的 Port ID，选择参数小的；④比较接收者的 Port ID，选择参数小的。

2) 答：①所有交换机首先认为自己是根，将自己的 Bridge Id 填充为 Root ID；②向其他交换机发送 BPDU；③如发现别人的 Root ID 小于自己的 Root ID，将自己 BPDU 中的 Root ID 进行修改；④经过一段时间后交换网络中所有的交换机选一个 Root ID 最小的作为根交换机；⑤ Root Id 由两部分构成：优先级＋MAC 地址。

项目 5

1. B、A、B
2. CDE、ABCD、ACD
3.

1) 答：①为路由器每个接口配置 IP 地址；②确定本路由器有哪些直连网段的路由信息；③确定网络中有哪些属于本路由器的非直连网段；④添加本路由器的非直连网段相关的路由信息。

2) 答：RIPv1：①有类路由协议，不支持 VLSM；②以广播的形式发送更新报文；③不支持认证。RIPv2：①无类路由协议，支持 VLSM；②以组播的形式发送更新报文；③支持明文和 MD5 的认证。

项目 6

1. B、C、A
2. ABCD、AB、AC
3.

1) 答：①客户向服务器端发起建立链路连接请求；②服务器端向客户端主动发出询

问报文；③客户端利用密码对询问报文进行（MD5）加密处理后将加密后的密码发送给服务器；④服务器收到客户端的应答后，在本地进行验证，验证通过建立链路，验证失败断开链路。

2）答：专线、电路交换、分组交换。

专线：如 DDN 专线、E1 专线，成本高，延时小，安全性高；协议：HDLC、PPP。

电路交换：如电话网络属于电路交换，特点是资源利用率低，延时小；协议：PPP、HDLC。

分组交换：特点是资源利用率高，延时大；协议：X.25 Frame—Relay。

项目 7

1. B、C、C、C
2. AD、BC
3.
1）答：有两处错误，① ACL 应用错误，正确应该应用在 VLAN10 的 In 方向；②规则编写有问题，通过这个配置后发现所有主机只有访问 192.168.100.5 的 80，其余服务无法访问，缺少允许所有的规则。

2）答："六条军规"，详见本书项目 7 任务 2。

项目 8

1. A、B、B
2. ABCD、BC
3.
1）答：①定义内网和外网接口（insid、outside）；②定义内部本地地址范围（利用 IP 标准 ACL 定义）；③定义内部全局地址范围（利用 ip nat pool），注意只有一个全局地址时如何表示；④配置 NAPT 映射；注意 overload 的含义。

2）答：①静态 NAT/NAPT。应用：需要向外部网络提供信息服务的主机。特点：永久的一对一 IP 地址映射关系。②动态 NAT/NAPT。应用：内部网络访问外部网络。特点：内部主机数可以大于全局 IP 地址数，最多访问外网主机数决定于全局 IP 地址数，临时的一对一 IP 地址映射关系。

参 考 文 献

[1] 杭州华三通信技术有限公司. 路由交换技术：第1卷 [M]. 北京：清华大学出版社，2011.
[2] 鲍勃·瓦尚（Bob Vachon），艾伦·约翰逊（Allan Johnson）. 思科网络技术学院教程路由和交换基础 [M]. 6版. 思科系统公司，译. 北京：人民邮电出版社，2018.
[3] 锐捷网络. 网络互联与实现 [M]. 北京：北京希望电子出版社，2007.
[4] 阚宝明. 计算机网络技术基础 [M]. 北京：高等教育出版社，2015.
[5] 谢希仁. 计算机网络 [M]. 6版. 北京：电子工业出版社，2013.